光通信時代を支える

FTTH施工技術

菊池 拓男・西澤 紘一 著

特定非営利活動法人
高度情報通信推進協議会 監修

株式会社オプトロニクス社

まえがき

　21世紀は情報化の時代であるといわれています。各家庭にディジタル放送やブロードバンド通信が導入されるようになってくると社会のインフラストラクチャが変わるだけでなく、人間の考え方や生き方まで影響を受けることになるでしょう。それだけに夢のある豊かな生活ができる時代であるとも言えるのではないでしょうか。その基本構造を支えるのが光通信システムです。光通信が生まれて約30年、ブロードバンド通信時代の到来とともに光ファイバの果たす役割はますます大きくなってきました。さらに、ファイバ・トゥ・ザ・ホーム（FTTH: Fiber To The Home）がいよいよ本格化し、各家庭まで光ファイバが引き込まれ、様々なサービスが提供されるようになってきました。

　このようにブロードバンド社会を支える光通信システムが世界的に普及した昨今、実際に光ファイバを施工し、評価・測定する現場技術の需要が高まってきています。にもかかわらず、光ファイバを扱える現場の技術者の育成は始まったばかりで、今後増えてゆくであろう需要に対して圧倒的に不足することが懸念されています。従来光ファイバの原理や応用に関しては、山のように書籍・文献が出ていますが、実際に光ファイバを扱う上で必要なコネクタ接続や施工技術、現場での測定評価技術などに関する書物は極めて少ないのが現状です。そこで、今回光ファイバを実際に扱い、接続し、測定評価するまでの手順や扱い方を実習形式で学べる解説書を作りました。現場の技術者がマニュアル的に使っていただくことはもちろん、監督者や施主などが実際に理解してもらえるような構成を考えました。したがって、この本では光ファイバを学術的に学ぶのではなく、実践的に学ぶ形式をとっています。すなわち各章毎に、具体的な作業単位、たとえば融着接続技術、光ファイバ敷設技術などを取り上げ、原理、作業手順、問題点を解説したうえで、使用機器・治具及び実際の作業方法を写真や図をふんだんに使い説明しています。したがって、通常の解説書ではなく、実際の作業の教育訓練にも使っていただける工夫をいたしました。大袈裟に言えば、光ファイバ施工工事に関わる作業のバイブル書をもくろみました。特に、今回はFTTHを構成する施工技術に的を絞り解説しています。現場の技術者はもちろん、監督者、工事関係者、さらに光ファイバを扱う学生や研修生などにも広く使っていただけると思います。

　本書を執筆するにあたり、多くの関係者に技術資料の提供や、原稿のチェックなどご指導・ご助言を頂きました。また、本書のきっかけとなった光ファイバ施工技術に関するセミナーを共に担当して頂いた職業能力開発大学校の関係各位、光ファイバ施工現場における有益な情報を教えて頂いたセミナー受講者の方々、実験などで協力してもらった多くの卒業研究生に併せて深く御礼申し上げます。

　最後に原稿の遅れにもかかわらず多大なご援助を頂き、出版の機会を与えて頂いたオプトロニクス社編集部の方々に心から感謝する次第です。

2004年5月　著者しるす

目　　次

第1章　光ファイバ通信の概要 …………………………………… 1
光ファイバ通信とは ……………………………………………… 2
　　光ファイバ通信の歴史 ………………………………………… 2
　　光ファイバ通信の特徴 ………………………………………… 3
　　　光ファイバ通信のメリット ………………………………… 3
　　　光ファイバ通信のデメリット ……………………………… 4
システム構成 ……………………………………………………… 4
　　光送信機（Optical transmitter） …………………………… 5
　　　光源 …………………………………………………………… 5
　　光ファイバ（Optical Fiber） ………………………………… 6
　　光受信機（Optical receiver） ………………………………… 7
　　　特性パラメータ ……………………………………………… 7
光アクセスネットワーク ………………………………………… 8
　　アクセスネットワークの形態 ………………………………… 8
　　　公衆通信 ……………………………………………………… 8
　　　CATV ………………………………………………………… 8
　　　LAN …………………………………………………………… 8
　　　FTTx方式 …………………………………………………… 9
　　FTTx方式 ……………………………………………………… 10
　　　FTTB方式 …………………………………………………… 10
　　　FTTC方式 …………………………………………………… 10
　　　FTTH方式 …………………………………………………… 10
　　　FTTD方式 …………………………………………………… 11
　　FTTxトポロジ ………………………………………………… 11
　　　シングルスター（SS: Single Star）方式 ………………… 11
　　　アクティブダブルスター（ADS：Active Double Star）方式 ……… 12
　　　パッシブダブルスター（PDS：Passive Double Star）方式 ……… 12
FTTHを支えるWDM技術 ……………………………………… 14
　　多重化方式 ……………………………………………………… 14
　　　時間多重（TDM：Time Division Multiplexing） ……… 14
　　　空間多重（SDM：Space Division Multiplexing） ……… 15
　　　波長多重（WDM：Wavelength Division Multiplexing） ……… 15
　　WDM通信方式の特徴 ………………………………………… 16
　　WDM通信の仕組み …………………………………………… 16
光ファイバ通信の適用分野 ……………………………………… 18

第2章　光ファイバの基礎　21

光の基本性質　22
光とは　22
光の三法則　22

光の伝搬のしくみ　25
光ファイバの構造　25
光の伝搬のしくみ　25
開口数　26

第3章　光ファイバの分類とその特性　29

光ファイバの分類法　30
使用材料による分類　30
伝搬モードによる分類　31
マルチモード光ファイバ　31
シングルモード光ファイバ　32

マルチモード光ファイバの構造　34
ステップインデックス型　34
SI型のモード分散　34
グレーデッドインデックス型　35

シングルモード光ファイバの構造　36
標準シングルモード光ファイバ　36
分散シフト光ファイバ　37

プラスチック光ファイバ　38
光ファイバの基本パラメータ　39
コア径（core diameter）　39
モードフィールド経（MFD: Mode Filed Diameter）　39
外径（cladding surface diameter）　40
比屈折率差　40
開口数（NA：numerical aperture）　40
カットオフ波長（cutoff wavelength）　40
伝送帯域　41

光ファイバの光損失　43
光ファイバの損失の要因　43
レイリー散乱損失　43
吸収損失　43
構造不均一による損失　43
マイクロベンディングロス　44
曲げによる損失　44
接続損失　44

光ファイバの分散　44

モード分散 …………………………………………………………… 45
　　　波長分散 …………………………………………………………… 45
　光ファイバの製造法 ………………………………………………………… 46
　　MCVD法 ……………………………………………………………… 46
　　OVD法 ………………………………………………………………… 47
　　VAD法 ………………………………………………………………… 47
　　線引き工程 …………………………………………………………… 48
　光ファイバの形態 …………………………………………………………… 49
　　光ファイバ素線 ……………………………………………………… 49
　　光ファイバ心線 ……………………………………………………… 49
　　　0.9mm（ナイロン）心線 ………………………………………… 49
　　　0.25mm（UV）心線 ……………………………………………… 50
　　テープ心線 …………………………………………………………… 50
　　光ファイバコード …………………………………………………… 51
　　光ケーブル …………………………………………………………… 51
　光ケーブルの分類 …………………………………………………………… 52
　　基本構造による分類 ………………………………………………… 52
　　　層撚り型 ……………………………………………………………… 52
　　　ユニット型 …………………………………………………………… 52
　　　テープスロット型 …………………………………………………… 52
　　　コード集合型 ………………………………………………………… 53
　　　SZ型 …………………………………………………………………… 53
　　布設環境対応による分類 …………………………………………… 54
　　　PE（Polyethylene）シース ………………………………………… 54
　　　LAP（Laminated Aluminum Polyethylene）シース ……………… 54
　　　PVC（Polyvinylchloride）シース ………………………………… 54
　　　ノンメタリックシース ……………………………………………… 54
　　　難燃性シース ………………………………………………………… 54
　　　WBシース …………………………………………………………… 54
　　布設工法による分類 ………………………………………………… 55
　　　ドロップケーブル …………………………………………………… 55
　　　インドアケーブル …………………………………………………… 56
　　　丸型ケーブル ………………………………………………………… 56
　　　自己支持型（架空布設型）ケーブル ……………………………… 56
　　　直接埋設型ケーブル ………………………………………………… 57
　　　MAZE型（波付鋼管外装型）……………………………………… 57
　　　WAZE型（鉄線外装型）…………………………………………… 57

第4章　デバイス ……………………………………………………… 59
　光部品 ………………………………………………………………………… 60

マイクロレンズ	60
光フィルタ	62
アイソレータ	63
サーキュレータ	63
光スイッチ	64
光ファイバ型光部品	64
導波路型光部品	65

第5章　光ファイバ心線の前処理　67

光ファイバ心線の前処理	68
外被除去	68
被覆除去	69
単心線（0.25／0.9mm）の場合	69
テープ心線の場合	70
光ファイバホルダへの心線のセット	72
光ファイバの清掃	73
切断	74
光ファイバの前処理に必要な工具等	77
光ファイバの前処理作業手順（0.25mmUV心線の場合）	78
光ファイバの前処理作業手順（0.9mmナイロン心線の場合）	79
光ファイバの前処理作業手順（テープ心線の場合）	80
光ファイバの切断作業手順	82

第6章　融着接続技術　83

光ファイバの接続法	84
融着接続の適用箇所	84
融着機の概要	85
融着機の構造	86
融着接続の原理	86
融着接続の流れ	86
単心融着機の仕組み（コア調心法）	87
コアの軸ずれによる接続損失値	89
多心融着機の仕組み（外径調心法）	89
融着接続の手順	90
融着不良の原因と対策	97
融着接続に必要な工具等	98
融着接続作業手順	99

第7章　余長処理技術　103

余長処理の方法	104

- メカニカルクロージャ ……………………………………… 104
  - 光ケーブルの接続法 ……………………………………… 104
  - メカニカルクロージャ構造 ……………………………… 105
    - 収納トレイ ……………………………………………… 105
  - 光クロージャの種類 ……………………………………… 106
    - 中間後分岐型クロージャ ……………………………… 106
    - 地中用クロージャ ……………………………………… 107
    - 架空用クロージャ ……………………………………… 107
- 成端箱 ………………………………………………………… 108
  - 成端箱の種類 ……………………………………………… 108
  - 成端箱による余長処理手順 ……………………………… 109
  - 成端処理法 ………………………………………………… 110
- ドロップクロージャ組立 …………………………………… 110
  - 組立手順 …………………………………………………… 110
- 光接続箱の組立て …………………………………………… 116
  - 光接続箱の組立ての流れ ………………………………… 116

第8章　メカニカルスプライス接続技術 …………………… 119

- メカニカルスプライス接続法 ……………………………… 120
  - メカニカルスプライス接続工具 ………………………… 120
  - メカニカルスプライスの種類 …………………………… 120
  - メカニカルスプライス接続の特徴 ……………………… 121
  - メカニカルスプライス接続の適用箇所 ………………… 121
- メカニカルスプライス接続の原理 ………………………… 122
- 接続手順 ……………………………………………………… 122
- メカニカルスプライス接続に必要な工具等 ……………… 125
- メカニカルスプライス接続作業手順 ……………………… 126

第9章　光コネクタ接続技術 ………………………………… 129

- 光コネクタ接続法 …………………………………………… 130
  - 光コネクタ接続の適応箇所 ……………………………… 130
  - 光コネクタに求められる特性 …………………………… 131
- 光コネクタの種類 …………………………………………… 131
  - 石英光ファイバ用コネクタ ……………………………… 133
    - FCコネクタ ……………………………………………… 133
    - SCコネクタ ……………………………………………… 135
    - MTコネクタ ……………………………………………… 135
    - STコネクタ ……………………………………………… 136
    - MT-RJコネクタ ………………………………………… 136
    - SFFコネクタ …………………………………………… 136

プラスチック光ファイバ用コネクタ ………………………… 137
　SMAコネクタ ……………………………………………… 137
　F05コネクタ ………………………………………………… 137
　F07コネクタ ………………………………………………… 137
　PNコネクタ ………………………………………………… 137
端面の研磨方式 ……………………………………………… 138
　フラット研磨 ………………………………………………… 138
　PC研磨 ……………………………………………………… 138
　斜め研磨 …………………………………………………… 138
光コネクタによる終端法 …………………………………… 139
　ピグテール光ファイバを用いた終端法 …………………… 139
　現場コネクタ組立による終端法 …………………………… 140
　　現場コネクタ組立の方法 ……………………………… 141
石英光ファイバコネクタ部品組立・加工 …………………… 141
　部品組立手順 ……………………………………………… 141
　端面研磨法 ………………………………………………… 142
メカニカルスプライス法による現場組立光コネクタ ……… 144
　メカニカルスプライス法による現場組立光コネクタの原理 ……… 144
　組立手順 …………………………………………………… 145
研磨面の検査法 ……………………………………………… 147
　目視検査 …………………………………………………… 147
　3次元形状測定 …………………………………………… 148
　反射減衰量測定 …………………………………………… 148
プラスチック光ファイバコネクタの組立・加工 …………… 148
　プラスチック光ファイバ用コネクタの加工手順 ………… 149
光コネクタの取扱法 ………………………………………… 150
　光コネクタ取り扱い上の注意点 …………………………… 150
　光コネクタの清掃法 ……………………………………… 150
コネクタ組立に必要な機器・工具等 ………………………… 151
現場組立SCコネクタ組立作業手順（被覆径φ3mm）……… 152
端面研磨に必要な機器・工具等 …………………………… 155
マニュアル研磨作業手順 …………………………………… 156
現場SCコネクタ組立に必要な工具等 ……………………… 158
現場組立SCコネクタ作業手順 ……………………………… 159

第10章　光損失と測定技術 …………………………… 161

光損失の定義 ………………………………………………… 162
施工時に生じる光損失と対策 ……………………………… 162
　光接続損失 ………………………………………………… 162
　　軸ずれ・角度ずれなどによる損失 …………………… 163

構造パラメータのミスマッチによる損失	164
フレネル反射による損失	164
過度の曲げによる損失	165
光損失測定法	165
カットバック法	166
光損失の測定	166
挿入損失法	167
OTDR法	168
ビットエラーレート測定	168
光線路の測定・試験	169
光線路測定の種類	169
測定・試験手順	170
光配線フィールド試験法	171
光損失測定	172
1ジャンパ法	172
2ジャンパ法	172
3ジャンパ法	172
1ジャンパ試験法	172
測定器の種類	174
測定・試験データの管理	176
レーザの安全基準	176

第11章　光ロステストセットによる測定技術　179

光ロステストセットの概要	180
主な機能	181
測定法	181
光損失測定	181
漏洩光の検出	182
反射率の測定	183
導通試験	184
光損失・光反射率測定に必要な工具等	185
相対値測定作業手順	186
反射率の測定作業手順	188

第12章　OTDR法による測定技術　191

OTDRの概要	192
OTDRの構成	192
OTDR法の原理	193
OTDR法による測定波形	193
距離の測定原理	194

- 接続損失の測定原理 ･････････････････････････････････ 194
  - 直線近似法 ･･･････････････････････････････････････ 194
- 反射減衰量の測定原理 ･････････････････････････････････ 196
- 測定パラメータ ･････････････････････････････････････ 196
  - 測定波長 ･･･ 196
  - 距離 ･･･ 196
  - 群屈折率（IOR: Index Of Reflection） ･･････････････････ 196
  - ダイナミックレンジ ･･･････････････････････････････ 197
  - デッドゾーン ･････････････････････････････････････ 197
  - パルス幅 ･･･ 197
  - 閾値 ･･･ 198
  - 平均化処理 ･･･････････････････････････････････････ 198
- **OTDRによる測定の手順** ･････････････････････････････ 198
  - 測定の流れ ･･･････････････････････････････････････ 198
- **OTDRを用いた各種測定** ･････････････････････････････ 200
  - 接続損失の測定（融着接続） ･･･････････････････････ 200
  - 接続損失の測定（コネクタ接続） ･･･････････････････ 201
  - 伝送損失測定 ･････････････････････････････････････ 202
  - 反射減衰量測定 ･･･････････････････････････････････ 203
- **試験報告書の作成** ･･･････････････････････････････････ 204
  - OTDRエミュレーションソフトウェア ･･････････････ 204
  - 報告書作成ソフトウェア ･････････････････････････ 205
- **OTDR法測定における注意事項** ･････････････････････ 206
  - 光コネクタの交換と清掃 ･････････････････････････ 206
  - ゴースト波形 ･････････････････････････････････････ 207
  - レーザ光の取り扱い ･････････････････････････････ 207
- **OTDRによる測定作業手順** ･･････････････････････････ 208

第13章　FTTH施工技術 ･････････････････････････････････ 211

- **FTTH施工技術の適用範囲** ･･･････････････････････････ 212
- **光線路方式** ･･･ 212
  - 配線方式 ･･･ 213
- **光伝送損失設計** ･････････････････････････････････････ 213
  - 光伝送路許容損失算出 ･･･････････････････････････ 213
  - 光線路損失算出 ･･･････････････････････････････････ 214
- **屋外光線路設計** ･････････････････････････････････････ 215
  - 屋外光線路設計の流れ ･･･････････････････････････ 215
  - ルート調査 ･･･････････････････････････････････････ 216
    - 法的規制の確認 ･･･････････････････････････････････ 216
  - ルート設計 ･･･････････････････････････････････････ 218

| ケーブルピース長の算出 ……………………………………………… 219
| 接続点位置及び接続法の決定 …………………………………………… 219
| 張力設計 ……………………………………………………………………… 220
| 許容牽引張力 ………………………………………………………… 220
| 許容曲げ半径 ………………………………………………………… 221
| 地下区間の張力計算法 ……………………………………………………… 221
| 直線区間 ……………………………………………………………… 221
| 垂直区間 ……………………………………………………………… 221
| 屈曲区間 ……………………………………………………………… 222
| 曲線区間 ……………………………………………………………… 222
| 架空区間の張力計算法 ……………………………………………………… 224
| 丸形ケーブルの場合 ………………………………………………… 224
| 自己支持型ケーブルの場合 ………………………………………… 225

構内光線路設計 …………………………………………………………………… 228
  構内配線区間 ………………………………………………………………… 228
  水平配線システム …………………………………………………………… 229
    水平配線システムでの使用ケーブル ……………………………… 229
    水平配線距離 ………………………………………………………… 229
    水平配線経路 ………………………………………………………… 229
  ビル内幹線配線システム …………………………………………………… 231
    幹線配線システムでの使用ケーブル ……………………………… 232
    幹線配線距離 ………………………………………………………… 232
    幹線配線経路 ………………………………………………………… 232

配線施工 …………………………………………………………………………… 233
  敷設工法 ……………………………………………………………………… 233
    牽引法 ………………………………………………………………… 234
    後分岐工法 …………………………………………………………… 234
    空気圧送 ……………………………………………………………… 235
    光ケーブルの敷設 …………………………………………………… 235
    光ケーブルの許容伸び率の弛度 …………………………………… 236
  水平配線施工 ………………………………………………………………… 236
    水平配線施工の手順 ………………………………………………… 236
    成端作業 ……………………………………………………………… 238
    水平配線での注意事項 ……………………………………………… 238
  幹線配線施工 ………………………………………………………………… 239
    幹線配線施工の手順 ………………………………………………… 239
    幹線光配線施工の注意事項 ………………………………………… 240
    成端作業 ……………………………………………………………… 241
  架空・地下配線施工 ………………………………………………………… 241
    作業手順 ……………………………………………………………… 241

必要機材及び工具 …………………………………………………	241
宅内配線技術 ……………………………………………………………	242
集合住宅のブロードバンド方式 …………………………………………	242
VDSL方式 ……………………………………………………………	242
FTTB+イーサネット方式 …………………………………………	242
専用線方式 ……………………………………………………………	243
FTTR方式 ……………………………………………………………	243
戸建光隠蔽配線施工 ……………………………………………………	244
光コンセント ………………………………………………………………	244
配線作業 ……………………………………………………………………	244
宅内作業の基本 …………………………………………………………	250
ワンストップインストレーション ………………………………………	250
服装 ……………………………………………………………………	250
会話 ……………………………………………………………………	250
挨拶 ……………………………………………………………………	250
作業環境・掃除 ………………………………………………………	250
対応・説明 ……………………………………………………………	251
コミュニケーションとコンサルティング …………………………	251
光ファイバ施工技術のポイント ………………………………………	251
接続 ………………………………………………………………………	251
光ファイバの前処理 ……………………………………………………	252
測定 ………………………………………………………………………	252
敷設 ………………………………………………………………………	253
一般事項 …………………………………………………………………	253
宅内光配線に必要な工具等 ……………………………………………	254
牽引端処理作業手順 ……………………………………………………	255
宅内配線用光ケーブルの入線作業手順（TO〜引込口間） ………	256
光コンセントの取付作業手順 …………………………………………	257

第1章
光ファイバ通信の概要

第1章
光ファイバ通信の概要

光ファイバ通信とは

● 光ファイバ通信の歴史

　光通信の原点は、意外に古いものです。光電信"Optical Telegraph"として、1790年代にフランスのClaude Chappeが、高い塔の上に乗せた腕木式の信号機を人間が操作して信号を乗せ、見通しの利く距離をリレー式に伝送した（腕木通信）のが始まりであると言われています。その後、1800年代の半ばに発明された電信機に取って代わられるまで実用に供されていました。1880年、Alexander Graham Bellが光電話システム"Photophone"の特許を取得しました。これは、太陽光線をキャリアとして、鏡と集光レンズ及び太陽電池の組み合わせで光通信を実現したものです。このように光を媒体とする通信方法は、船舶間通信など特殊な用途としてしばらくは使われていましたが、公衆通信用としては実用には至りませんでした。1840年、スイスの物理学者Daniel Collodonとフランスの物理学者Jacques Babinetが、噴水ディスプレイとして水流中に光を伝搬させるとその光が放物線状に曲げられることを示しました。その後イギリスの物理学者John Tyndallが水槽から流れ出る水流の中に光を導き、ライトガイドという概念を1854年に初めて示し、現在の光ファイバの原点が誕生しました。また石英の細いガラスロッドに光を導入すると曲げたロッドに沿って光が伝搬することが確認され、20世紀初頭から1940年ごろまで歯医者が照明用として広く使ったという記録が残っています。さらに、この光ファイバを規則正しく配列し、画像の伝送が試みられました。いわゆるイメージバンドルです。最初の発明者は、Heinrich Lamm（ドイツの医学生、当時29歳）と言われています。人間の体の中を直接観察したいという夢が、この発明を生み出したのでしょう。しかし、当時の光ファイバは、クラッドがないコアのみの配列であったため、解像度が低くて実用にはなりませんでした。現在のコア・クラッド型の光ファイバが発明されたのは、1951年でデルフト大学（オランダ）のAbraham van Heelです。彼は、コアよりも屈折率の低いガラス又はプラスチックを被覆し、その間の全反射を利用して光を伝播する方式を考えました。その発明をLawrence Curtissが引き継ぎ、ガラス製クラッドを持つ光ファイバの原型を完成させました。当時の光ファイバの主な用途は、いずれも医学や歯学分野で、光ファイバが通信用に使えることは想像だにされていませんでした。光ファイバが通信用にも使えることを示したのは、当時英国STL（Standard Telecommunication Laboratory）にいた上海生まれのC. K. Kaoです。彼は、ガラスの持つ透明性に着目し、20dB／km以下の損失になれば光ファイバが通信用途にも使えることを理論的に示すとともに、ガラスの低損失化が可能であることも同時に予言しました。実際に、20dB／km以下の低損失を有する光ファイバが実現されたのは1970年、コーニングにいた若き3名の技術者、Donald Keck、Robert Maurer、Peter Schultzによるものでした。彼らが試みた方法は、気相原料から出発してガラス管の内側に酸水素炎で加水分解しガラスの微粒子を堆積させた後に高温で焼結するものでした。これは現在の光ファイバ製造法の原点となっています。気相原料から出発する方法は、精製工程が製

造中に組み込まれているという特徴を有しており、容易に低損失の光ファイバが得られます。当時数百dB／kmであった光ファイバの損失値が、彼らの製造方法を採用することにより、20dB／kmという画期的な低損失光ファイバを得ることになりました。STLのKaoが予言した損失値を実現したのです。さらに幸運なことは、半導体レーザの常温発振が同じ年に成功し、光ファイバが通信用にも十分実用になることが証明されたのです。さらに使用波長が長波長にシフトするのに対して、低損失化が進み現在の光通信用光ファイバ全盛の時代に至ったのです。

● 光ファイバ通信の特徴

このような歴史の中で、近年光ファイバ通信が爆発的に普及してきているのはなぜでしょうか。電気信号を伝送する媒体としてメタリックケーブルなどがありますが、なぜ光ファイバを使う必要があるのか？どんなメリットがあるのか？あるいはどういう場所・場合に有効なのか？という疑問がわくと思います。ここでは光ファイバ通信のメリットとデメリットを見ていきます。

■光ファイバ通信のメリット

光ファイバを用いた通信のメリットは主に次のものが挙げられます。

広帯域

光ファイバは、メタリックケーブルより伝送帯域が広いため、はるかに多くの情報を伝送できます。例えば、LANケーブルのカテゴリー5の場合、100mでは100Mbpsの帯域までしか規定されていませんが、光ファイバは10Gbsを超える伝送が可能となります（10Gbpsの信号は、電話回線130,000回線もの容量です）。

低損失

メタリックケーブルのインピーダンス損失に比べて、光ファイバ内を透過する光の損失は非常に少なく、長距離伝送が可能です。また、伝送損失が少ないため、途中に挿入する中継器（信号を増幅、整形するたの機器）の数が少なくて済みます。

波長多重伝送

メタリックケーブル伝送では1本のケーブルで、複数の回線をまとめて伝送するために、アナログ伝送では周波数分割多重方式、ディジタル伝送では時分割多重方式を使用しています。一方、光ファイバ伝送では、1本の光ファイバに1つの波長の光ではなく、異なる多くの波長の光を伝送する波長多重伝送方式を用いることにより更に大容量の伝送を行うことができます。

無誘導

光ファイバは、絶縁物（ガラス）であり、モーター、動力線、蛍光灯等からの電磁波の影響を受けません。従ってメタリックケーブルにおけるクロス

第1章
光ファイバ通信の概要

トークなどの障害を起こす心配がありません。そのため高圧、大電流のある工場内、高周波ノイズの発生する場所においても光ケーブルを敷設することが可能です。

細径
光ファイバは、その直径が125μmと細径であり、多心化した場合、メタリックケーブルの多心ケーブルに比べてスペースを節約できます。そのため、敷設・建設が容易となります。

安全性
光ファイバは、絶縁体のため落雷やスパークの影響を受けません。よって、火災の発生の原因とはなりえません。

図1-1に光ファイバの特徴と光通信のメリットをまとめます。

光ファイバの特徴　　　　　　　　　　　　　光通信のメリット

光ファイバの特徴	光ファイバ通信の特性	光通信のメリット
低損失	中継間隔大	経済的
広帯域	大容量	高信頼性
波長多重可能	多心化	ユビキタス
細径	省スペース	ブロードバンド
無誘導	適用分野多い	保守容易

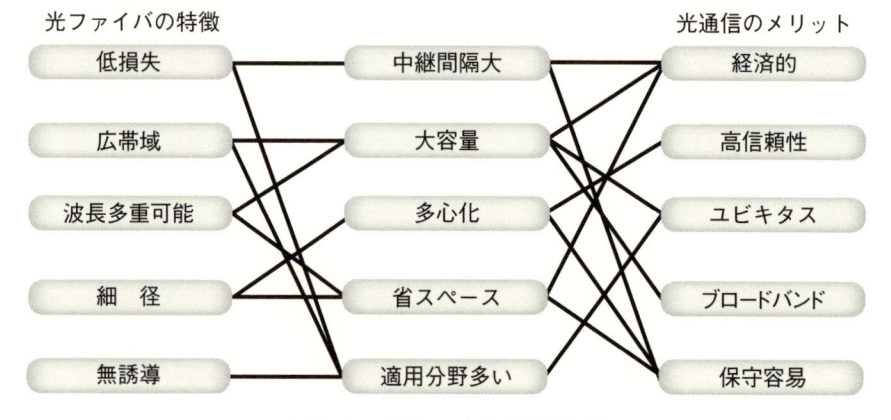

図1-1　光ファイバ通信の特徴

■光ファイバ通信のデメリット
一方、光ファイバを用いた通信のデメリットは次のものが挙げられます。

- その施工技術が、メタル施工技術に比べて難しく、熟練を要する。
- システムコストが高い。

システム構成

光ファイバ通信システムは、光を用いて情報のやりとりを行います。従って、光ファイバ通信システムには、図1-2のように送信側にはパソコン等から送られてくる電気信号を光信号に変換し送信する光送信機（Optical transmitter）、光を伝送する媒体である光ファイバ（Optical fiber）、送られてきた光信号を受信し、端末に伝達できるよう電気信号に変換する光受信機（Optical receiver）

が必要となります。

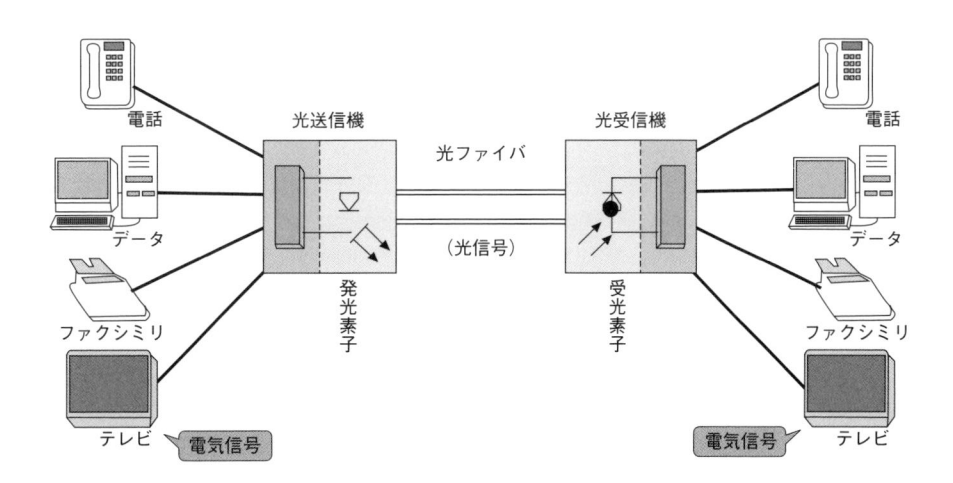

図1-2　光ファイバ通信システムの基本構成

● 光送信機（Optical transmitter）

　光送信機は、電話、FAX、パソコン等の電気信号を光信号に変換するE/O変換機（Electric/Optical transmitter）を内蔵し、光ファイバに変換された光信号を送信する機器です。E/O変換は、電気信号の変調などを行うドライブ回路部と発光回路部に分けることができます。光源として発光ダイオード（LED：Light Emitting Diode）やLD（Laser Diode）が用いられます。基本的に電気信号の強弱は光の強弱に、電気信号の1、0は光の点滅に変換され、光ファイバに送られます。
　光送信機は次の機能を持ちます。
- 変調電気信号の受信する。
- 変調電気信号を変調光信号に変換する。
- 変調光信号を光ファイバに出射する。

■光源
　ここでは、光送信機に用いられている光源とその特性について見ていきます。

- LED（Light Emitting Diode）
- VCSEL（Vertical Cavity Surface Emitting Laser）
- LD（Laser Diode）

　これらの光源の選定にあたって求められる光源の共通特性は次の通りです。

中心波長
　光源はある範囲の幅を持つ波長範囲で発光しています。中心波長とはその

中心値となる波長です。主に850nm、1,300nm、1,550nmが一般的に光通信に用いられている中心波長です。

スペクトル幅

光源から出射される光の波長は、中心波長の周辺範囲に分散します。この範囲をスペクトル幅と呼んでいます。スペクトル幅は、使用する光源により変化し、LDでは狭く、LEDでは広くなります。

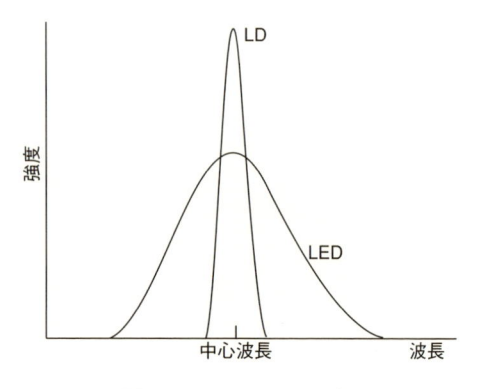

図1-3　スペクトル幅

平均パワー

平均パワーとは、光源から出射される変調出力光を平均したものです。通常、dBmあるいはmW単位で表します。

変調周波数

変調周波数とは、一般的に理論値0と1で表現する伝送時の強度変化の割合です。強度変化は、光源のON／OFFの対応に似ています。LDはLEDよりも高い変調周波数を持ちます。

表1-1　各光源の比較

	LED	VCSEL	LD
コスト	低	中	高
適用光ファイバ	マルチモード	マルチモード	シングルモード
中心波長	850nm, 1300nm	850nm	1300nm, 1550nm
スペクトラム幅	30〜60nmFWHM（850nm）〜1.0〜6.0nmFWHM	150nmFWHM（1300nm）	1.0〜6.0nmFWHM
変調周波数	通常200MHzまで（600MHzまで可能）	5GHz以上	5GHz以上
平均パワーレベル	－10.0dBm〜－30.0dBm	＋1.0dBm〜－3.0dBm	＋1.0dBm〜－3.0dBm

● 光ファイバ（Optical Fiber）

光を送る媒体で、光通信においてなくてはならないものです。

● 光受信機（Optical receiver）

　光受信機は、光送信機側から光ファイバを通して送られてきた光を受信し、O/E（Optical/Electric transmitter）変換機により光信号を電気信号に変換する機器です。変換された電気信号はパソコンなど電気通信機器に伝送されます。O/E変換機は、光信号を電気信号に変換する受光回路部と、変換された信号の増幅再生を行う出力回路部に分けられます。光の受信にはフォトダイオード（PD：Photo Diode）が用いられます。

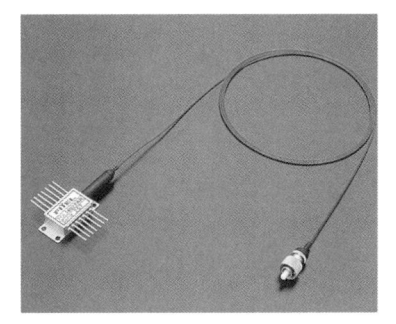

(a) 半導体レーザ　　　　(b) フォトダイオード
図1-4　半導体レーザとフォトダイオード

■特性パラメータ
　ここでは、光受信機の特性パラメータを見ていきます。

ビットエラー率（BER：Bit Error Rate）
　伝送したビットレートに比較した送信機と受信機間で発生するビットエラー率です。図1-5の出力値2のようにパルスが広がり、隣接したパルスと重複すると、受信機の受信許容値を超えて信号誤りが生じます。

感度
　入力された信号を、規定の誤り率の範囲内で受信できる最小パワーレベルを表現します。つまり、BERを維持するための最小平均パワーともいえます。

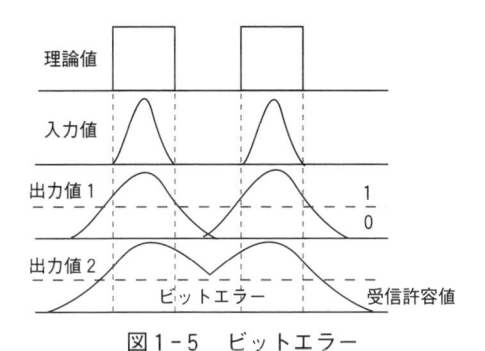

図1-5　ビットエラー

ダイナミックレンジ
BERに対する最大受信平均パワーです。

光アクセスネットワーク

● アクセスネットワークの形態

アクセスネットワークとは、ユーザと通信事業者設備センタ間のネットワークのことです。アクセスネットワークの形態は、使われるケーブル（メタルケーブル、光ケーブル、無線、同軸ケーブル）等によって、様々なものがあります（図1-6）。

■公衆通信

従来の銅線を中心とした通信システムに比べて、光通信の伝送距離と伝送容量は極大です。また、共同溝の空間を通信ケーブルに割ける余地は少なくなっており、細径である光ファイバの導入は有利です。また、WDM通信技術などを用いてチャネル当たりのコストを分散でき、そのコストは極めて小さくなっています。一方、光通信システムを普及させるためには、相互互換、インターオペラビリティの保証が不可欠となります。米国のベルコア社などを中心に標準化が進められてきたSONET（Synchronous Optical Network）や欧州などが中心で進めてきたSDH（Synchronous Digital Hierarchy）など世界共通プロトコルの普及が肝要です。

■CATV

CATVとは、コミュニティ・アンテナ・テレビ（Community Antenna TeleVision）の略で、電波の届きにくい難視聴地域で、アンテナをコミュニティで共有して視聴することから始まったネットワーク形態です。現在では、ケーブルテレビ（CAble Television）を指すことが多くなっています。
CATVでは、多チャンネルを特徴とした有線テレビ放送サービスが主体でしたが、最近では双方向機能を活用した情報通信への利用が進んでいます。このため、光ファイバを利用した伝送網（HFC、FTTH）への切替えが行われています。

HFC方式
HFC（Hybrid Fiber and Coaxial）方式とは、CATV系ネットワークで、幹線系だけを光ファイバ化したもので、光回線終端装置より下部の配線系は既存の同軸ケーブルを使用する形態です。

■LAN

従来の同軸系のコストパフォーマンスに圧倒されていた光ファイバ系システムは、伝送距離の長大化（100～500m）や伝送速度の高速化に伴い、LAN

（Local Area Network）のバックボーンとして利用されています。同時に、標準化の動きも活発で、当初のFDDI（Fiber Distributed Digital Interface）に対して、昨今では10ギガビットのイーサネットなどの超高速LANの規格が相次いで発表されています。

■FTTx方式

FTTx（Fiber To The x）方式とは、設備センターとx間が光ファイバネットワークで構成されるものです。通常xの部分にE/O変換装置が設置されます。xとしてB（Building）、C（Curb）、D（Desk）、H（Home）などがあります。

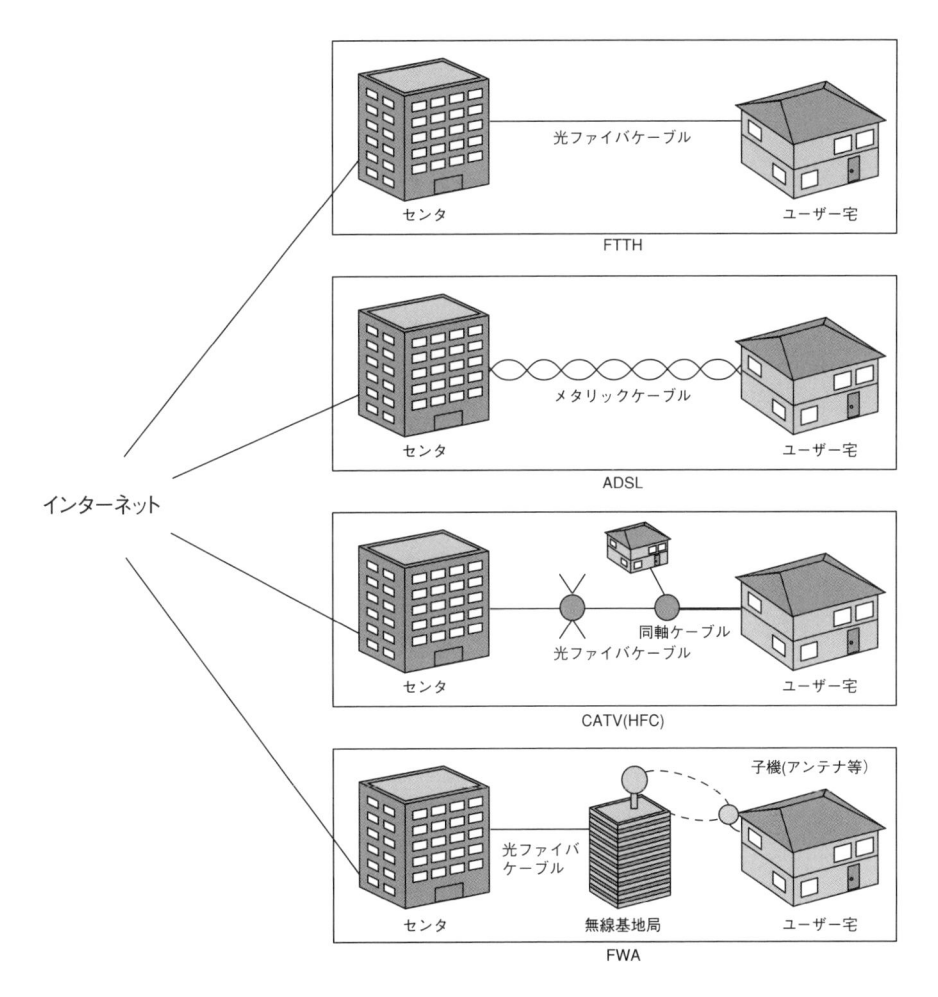

図1-6 アクセスネットワークの構成

第1章
光ファイバ通信の概要

● FTTx方式

■FTTB方式

FTTB（Fiber To The Building）とは、ユーザビルまで光ファイバを配線する方式で、ビル内にE/O変換装置が設置されます。ビル内の複数ユーザで装置を共有できることから経済的なネットワーク形態です。

■FTTC方式

FTTC（Fiber To The Curb）とは、各ユーザの近くまで光ファイバを敷設、そこにE/O変換装置を設置し、各ユーザまで既存のメタリックケーブル等をスター状に配線する方式です。Curbとは「歩道の縁石」という意味です。この方式では、光ファイバ敷設の際の多大なコストが大容量を各ユーザで共有することができます。

■FTTH方式

FTTH（Fiber To The Home）方式とは、各ユーザまで光ファイバを直接引き込む形態で、ユーザ宅内にONU（Optical Network Unit）が設置されます。ブロードバンドネットワークサービスのアクセスネットワーク形態としては最終的なスタイルです。

ONUとE/O変換装置

電気／光変換装置は、一般的に「E/O変換装置」と呼ばれます。ただし、ITU-TではPON（Passive Optical Netowork）で用いられるE/O変換装置を、設備センタ側でOLT（Optical Line Terminal：光加入者線局内装置）、ユーザ宅側（加入者側）でONU（Optical Network Unit：光加入者線宅内装置）と定義づけています。

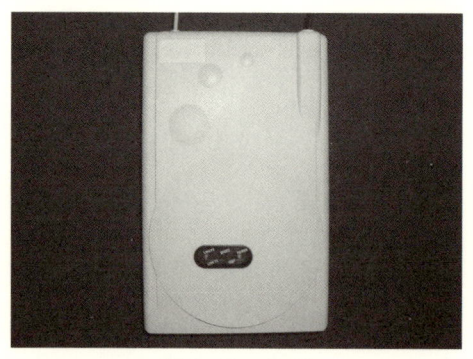

図1-7　ONU

■FTTD方式

　FTTD（Fiber To The Desk）方式とは、FTTH方式よりさらに光化を進め、オフィスや家庭内のデスクまで光ファイバを配線する方式です。

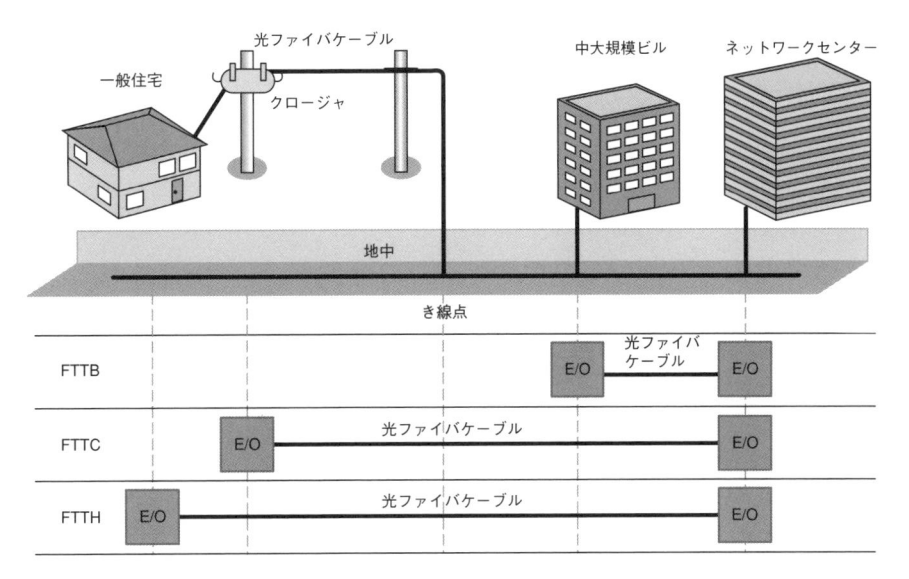

図1-8　FTTx

技術解説（ラストワンマイルとは）

　　き線点から各ユーザ宅までに配線されている約500mの区間を指します。き線点の「き」は「feeder」という意味で「配る」という意味を持ちます。

● FTTxトポロジ

　FTTxに用いられているネットワークトポロジは、シングルスター型、アクティブダブルスター型及びパッシブダブルスター型の3方式です。

■シングルスター（SS: Single Star）方式

　シングルスター方式とは、設備センタと各ユーザ間を1対1で結ぶ形態で、各ユーザ宅には1心の光ファイバを利用するメディアコンバータ（ONU）が用いられます（図1-9(a)）。ポイント・ツー・ポイントで結ばれているため、個別のサービスが提供可能となります。しかし、光ファイバをスター状に敷設し、各ユーザ宅に光アクセスシステムを設置する形態であるため、設備センタ内ではユーザ毎にE/O変換装置が必要となるとともに、光ファイバケーブルも大量に敷設する必要があるため、全体のコストが高くなります。この方式は、

第1章
光ファイバ通信の概要

加入者密度が低い地域や、センタからユーザまでの距離が離れている地域で採用されます。

■アクティブダブルスター（ADS：Active Double Star）方式
　　アクティブダブルスター方式とは、設備センタ〜ユーザ間にE/O変換装置と多重・分離装置等の機能を有する能動的な（電源を必要とするアクティブな）装置を設置する形態です（図1-9(b)）。ダブルスターとは、設備センタからアクティブ装置へスター状に配線され、さらにアクティブ装置からユーザ側へスター状に2段階に配線されている形態です。E/O変換装置及び光ファイバの共有化により低コストのネットワーク構築が可能ですが、能動的な装置を運用するための駆動用電源や設置環境の整備等が必要になります。

■パッシブダブルスター（PDS：Passive Double Star）方式
　　パッシブダブルスター方式とは、ADSにおける設備センタ〜ユーザ間の能動的な装置の代わりに、光スイッチ等の光受動素子（パッシブ素子）を設置し、光信号の分岐・合光を行う形態です（図1-9(c)）。つまり、PDS方式とは設備センタ〜ユーザ間にアクティブな装置を用いず、1本の光ファイバを多数のユーザで共有する方式です。このため、設備センタ側ハードウェアと光ファイバケーブルの共有化及び能動的な装置を設置しないことなどにより、経済的な光アクセスネットワークの構築が可能となります。一般的に、光受動素子として、光スプリッタ、スターカプラなどが用いられます。

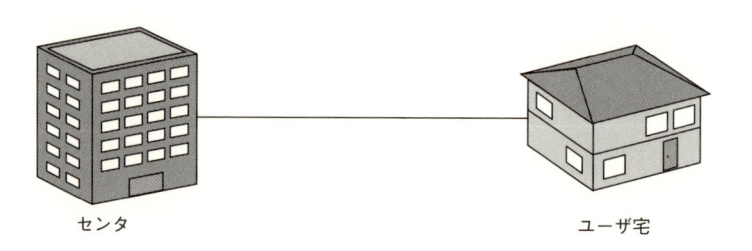

(a) シングルスター

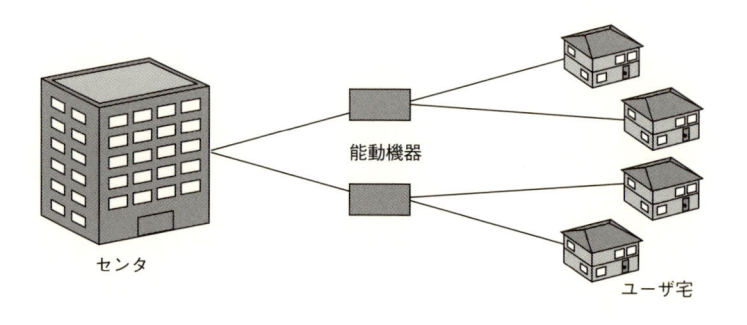

(b) アクティブダブルスター

第 1 章
光ファイバ通信の概要

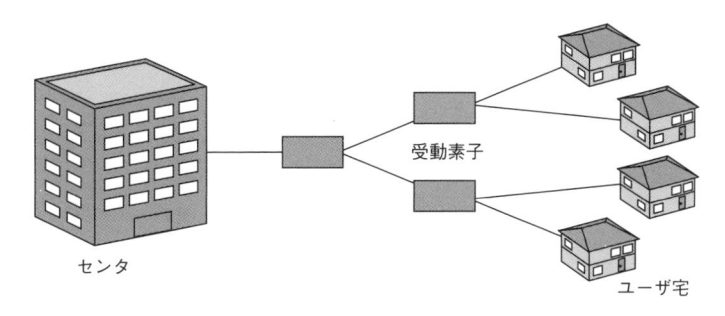

(c) パッシブダブルスター
図 1-9　FTTx のトポロジ

各 FTTx トポロジの特徴は表 1-2 のようになります。

表 1-2　各 FTTx トポロジの比較

	シングルスター方式	アクティブダブルスター方式	パッシブダブルスター方式
導入コスト	大	小	小
帯域	占有可能	共有	共有
電源・保守（分岐点）	無	必要	無
拡張性	難	容易	容易

技術解説

ポイント・ツー・マルチポイントシステム

設備センタ側の1つのOLTに光スプリッタを介して、複数のONUが接続される形態（1対多接続）をポイント・ツー・マルチポイント方式と呼び、この構成でのネットワーク方式をPON（Passive Optical Network）と呼んでいます。一方、OLTとONUが1対1で結ばれる方式をポイント・ツー・ポイント方式と呼びます。

PON方式とメディアコンバータ方式

PON方式（図1-10(a)）では、OLTから送信された光信号（下り）は、パッシブ素子により分波され、すべてのONUが同じ信号を受信することになります。自分宛の信号かどうかの識別には、IDによるヘッダ方式が主として採用されています。また、下り信号は複数のONU向けの信号を含んでいるため、これらを時間軸上に整列させ伝送する方式としてTDM方式（Time Division Multiplexing）が用いられています。一方、ONUからOLT向けの信号（上り信号）は、複数の光信号がパッシブ素子上での衝突がおきないようにするため、TDMA方式（Time Division Multiple Access）によりタイミング制御が行われています。

メディアコンバータ方式（図1-10(b)）は、既存のイーサネット技術を応用した方式であり、上り下りの信号を1.31/1.55μmの波長多重伝送方式により伝送しています。平成14年には1心用メディアコンバータの規定

第1章
光ファイバ通信の概要

としてTTC TS-1000が制定され、異社装置間の接続が可能となっています。TS-1000では、光送受信間のレベル差を15dB、伝送距離を7kmと規定しています（20dB／20km、25dB／30kmを検討中）。

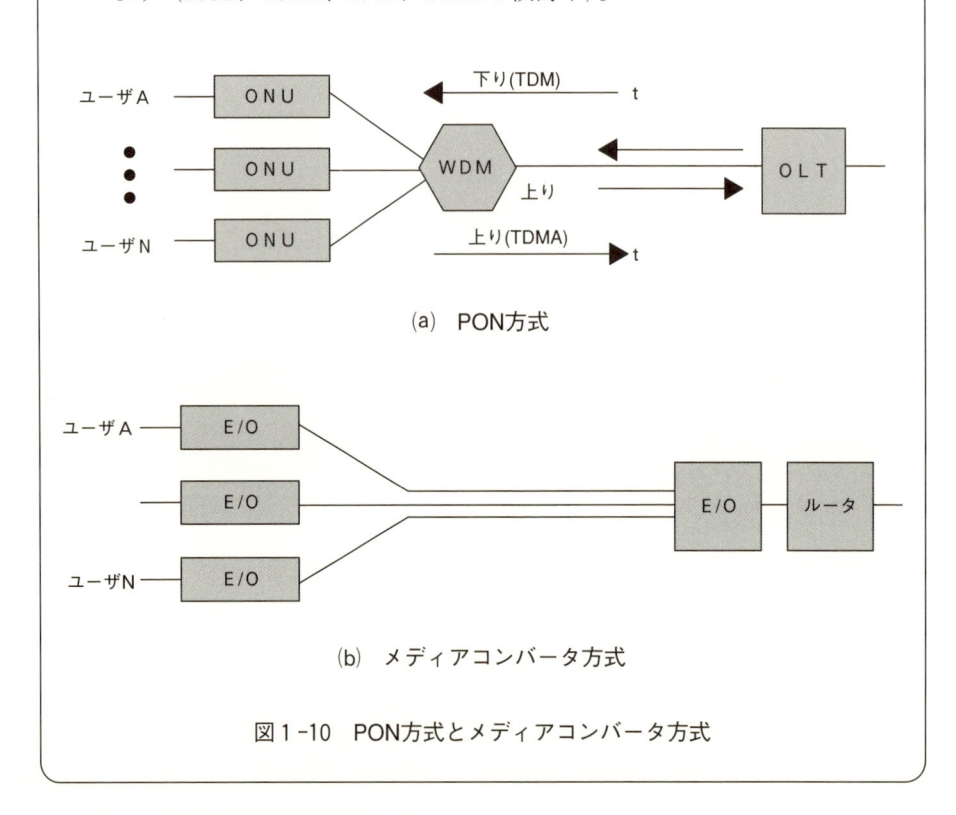

(a) PON方式

(b) メディアコンバータ方式

図1-10　PON方式とメディアコンバータ方式

FTTHを支えるWDM技術

● 多重化方式

　光ファイバは大容量の信号を送ることができることは良く知られていますが、通信の容量拡大の要求は増大しているため、常に通信容量を拡大するために技術開発が行われています。
　ここでは光ファイバの通信容量を拡大するための方法を見ていきます。

■時間多重（TDM：Time Division Multiplexing）
　1本の光ファイバに信号を時間分割してたくさん入れる方法です。そのために、単位時間あたりにできるだけ多くの信号を乗せなければならず、発光、受光部に負担がかかります。現在40Gbpsの信号を多重化して伝送できるシステムが開発されています。

表1-3　時間多重の標準規格

Opt.Carrier	SDH	SONET	速度
OC-1	STM-0	STS-1	51Mbps
OC-3	STM-1	STS-3	155Mbps
OC-48	STM-16	STS-48	2.4Gbps
OC-192	STM-64	STS-192	10Gbps
OC-768	STM-254	STS-768	40Gbps

■空間多重（SDM：Space Division Multiplexing）

　光ファイバを多数束ねてケーブル化する方法です。光ファイバは細径で軽量であるため、他数本を一括して束ねることができます。現在は、4～24心程度の光ファイバをシート状に配列したテープ光ファイバをケーブル化する方法が用いられています。ただし、この方法では光ケーブル布設前に光ファイバの数を決定している必要があり、布設後の需要の拡大に対して対応することはできません。空間多重化の特殊な応用として、光インターコネクションがあります。これはテープ光ファイバを使って、並列伝送を行う方法です。伝送される信号は、時分割との組合せでパラレル伝送もシリアル伝送も可能です。この方法は、1本の光ファイバに伝送する容量を抑えて、複数本の光ファイバで分担伝送する方式です。

■波長多重（WDM：Wavelength Division Multiplexing）

　光は、波長と言う属性を持っています。プリズムで分かれるスペクトルです。それぞれの色（波長）に信号を乗せて、伝送し、出力端で波長毎に分離できれば、波長の数だけ信号を多重化することができます。これが、WDM通信です。現在、WDMシステムが注目されている理由は、既設のシステムに需要に応じて付加的に容量を増やすことが比較的容易にできることです。時間多重では、伝送速度を上げるためには、発受光装置を一新しなければならないばかりか、光ファイバの特性によっては、極めて高価な装置を導入しなければなりません。しかし、WDMシステムでは、既存の伝送システムを並列的に拡張するだけで済むのです。さらに、周辺の素子や光増幅器など関連デバイスの量産開発とコスト低下が進んだこともその理由の1つです。特に光増幅器の進歩は、WDM通信の実用化に大いに貢献してきました。従来は、1本の光ファイバ線路ごとに光―電気―光変換を行って、電気信号において増幅・波長整形・タイミングなどをとっていたので、線路ごとに増幅器が必要でした。ところが、光直接増幅が可能となった現在では、波長ごとに割り当てられた複数の信号を同時に一括増幅できるようになり、波長多重されたシステムごとに1ヶ所の増幅器で十分であり、この面でもチャンネル当たりの装置コストが下がった訳です。

第1章
光ファイバ通信の概要

● WDM通信方式の特徴

　1990年代半ばから米国で始まったインターネットの爆発的な普及は、通信線路の容量の拡大を強く要請しました。当時米国では、$1.3\mu m$帯で最適化した従来型の光ケーブルが主流であり、布設光ファイバの心線数も少なく、急増する通信需要に対応ができない状態でした。そこで、登場したのがWDMシステムです。この技術は元来、マルチモード光ファイバ通信システムの容量拡大のために開発された技術で、シングルモード光ファイバ通信システム全盛の現在では、過去の技術と考えられていました。ところが、ベル研究所にいたT.Li博士が、時間多重の限界を超える技術としてWDM通信の有効性を提言し、当時の通信需要拡大とそれまでの技術の成熟度がマッチングして今日のWDM全盛の基礎を作りました。この波長多重技術は、既存の光ファイバ通信網の端末機器のみを取り替えることで容易に適用でき、しかも飛躍的に通信容量を拡大することができます。波長多重通信が、現在最も注目をされている技術の1つであることが分かると思います。

　WDM通信システムの特徴は次のとおりです。
- 既存の光ファイバシステムへの付加的な導入が可能であり、需要の伸びに従って柔軟に多チャネル化ができる。
- 端末機器を取り替えることで大容量化ができるためチャネル当たりのコストが低減できる。
- 電気信号に変換することなく、光信号のままで増幅、分岐・合流が可能である。
- 波長間の干渉が無いため、各チャネルで独立した信号フォーマットが適用できる。
- 周辺の光素子が、マルチモードシステム時代に開発されており量産が可能である。

● WDM通信の仕組み

　光は、元来極めて高い周波数を持っています。$1.5\mu m$帯の光の周波数は、200THzに達します。$1.5\mu m$から$1.6\mu m$までのわずか100nmの波長間隔、すなわち12.5THzの周波数領域で、32MHzのハイビジョンTVを40万チャネル同時に伝送できる容量です。図1-12に、最もシンプルな波長多重通信システムの構成図を示します。半導体レーザからわずかに異なる複数の波長に信号を乗せて、合波器（Multiplexer）で合波し1本の光ファイバで伝送します。その途中で、増幅器を挿入して減衰信号を元に戻し、かつ所定の場所で信号を取り出したり、個別の信号を導入するノード（Add Drop Multiplexer）を設けます。最後は、分波器（Demultiplexer）で波長ごとの信号を分離して各光検出器に導入されます。

　さて、WDM通信方式では、どれくらい多くの信号を導入できるのでしょうか。これは、安定した増幅領域の幅とどれだけ幅の狭いパルスに信号を詰められるかという問題です。現在、各波長におけるパルスの幅は0.8nm、周波数でいうと100GHzの幅まで実用化されています。さらに0.4nm（50GHz）、0.2nm（25GHz）

第1章
光ファイバ通信の概要

と狭くなる方向に開発が進んでいます。一方、どのような波長帯を使っているかというと、現在光ファイバを使って通信に利用できる波長帯は、1.3μmから1.6μmまでの300nm程度です。WDM通信では基準波長が定められており、この基準波長は1529.77nm（196.77GHz）となっています。従って、この波長を基準として、例えば50GHz（0.39nm）間隔で波長を割り当てて行くことになります。その他、100GHz、200GHz、400GHz間隔などが標準化されており、この400GHzの時は、波長間隔が3.2nmとなります。一般にこの波長より短い波長間隔を使う場合をDWDM（Dense Wavelength Division Multiplexing：高密度波長多重）と呼びます。一方、波長間隔が20nmと比較的大きなWDMシステムもLAN用に開発されています。これは、CWDM（Coarse WDM）と呼ばれて規格化が進んでいます。このように基準の波長に対して、波長間隔を規格化することにより、どのシステム部品でも互換性が確保されることになります。

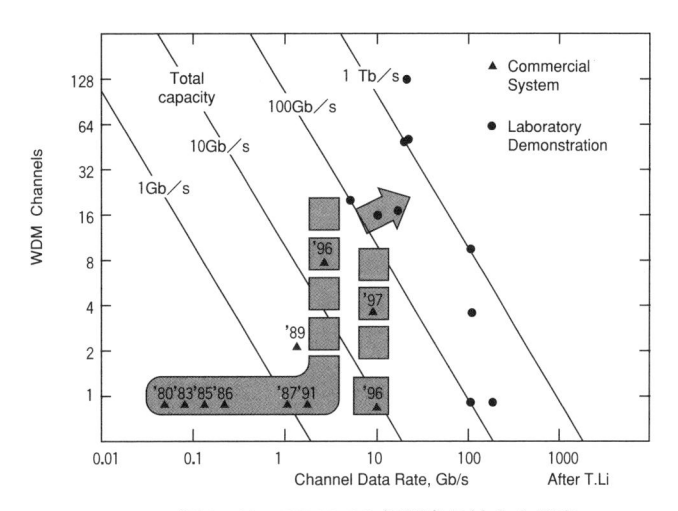

図1-11　WDMでの伝送容量拡大を提案

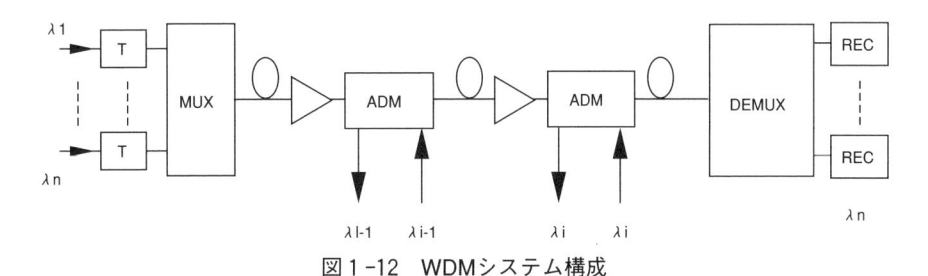

図1-12　WDMシステム構成

第1章
光ファイバ通信の概要

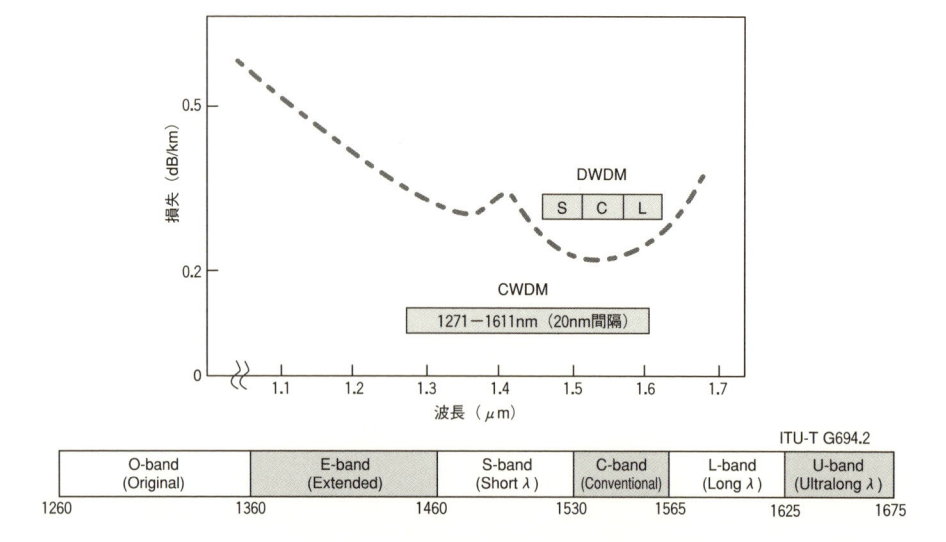

図1-13　DWDMとCWDMの使用波長

光ファイバ通信の適用分野

　光通信は現在、電話伝送路、海底ケーブル伝送路、CATV伝送路、構内伝送路、カーネットワークなど様々なところに利用されています。
　ここでは、各用途について見ていきます。

光データリンク
　　電力、鉄道等などの分野において光ファイバ通信システムは、監視・制御用データの伝送を行うための光データリンクとして、早い段階から実用化されてきました。

電力
　　送電線からの電磁誘導と落雷の影響を受けないため、送電線に沿って布設します。事故発生検知、電力設備の制御に使用されています。

鉄道
　　交流電鉄架線からの電磁誘導の影響を受けずに、CTC（列車集中制御システム）などの制御情報伝送に使用されています。

光ITV（工業用監視テレビ）
　　スーパー、デパート、ホテル、鉄道、空港等においてテレビカメラによる集中管理システムに使用されています。

第1章 光ファイバ通信の概要

光LAN

　光LANは、その特長を活かしてFA（工場やプラント）用及び構内配線に多く使用されています。

FTTHとサービス

　FTTHの普及とともに各家庭まで光ファイバが引き込まれることになってきました。これによりブロードバンド環境が本格的に整備されることになります。光ファイバを用いたブロードバンド環境の特徴は、

- 双方向性
- 高速・広帯域
- 複合的なメディア

が実現できることにあります。

　これらの特徴を用いて、日常生活や仕事の中に様々な情報通信技術を活用したサービスが生まれています。

第2章
光ファイバの基礎

第2章
光ファイバの基礎

光の基本性質

光とは

　　光とは、電磁波の一種です。図2-1のように私達が普段目にしている可視光は、波長が$1×10^{-6}$m〜$1×10^{-7}$mの電磁波です。短波放送などに使われている短波も波長が$1×10$m程度の電磁波で、X線は波長が$1×10^{-8}$m以下の電磁波です。ミリ波、UHF、VHFなどは可視光より波長が長い電磁波、X線、γ線は可視光よりさらに波長が短い電磁波ということになります。

　　光通信で用いる光の波長は、可視光よりも長い波長を用いています。

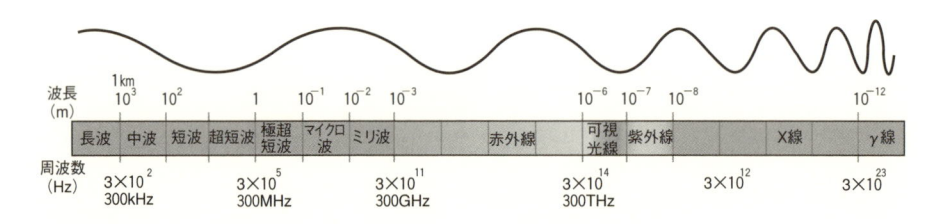

図2-1　光とは

光の三法則

　　光は電磁波であるため、(1)屈折率が等しい媒質中では直進する、(2)屈折率の異なった媒質の境界では屈折あるいは反射する、性質があります。これらの性質（直進、反射、屈折）を光の三法則といいます。

直進の法則

　　　　光は均一な媒質の中であればほぼ直進します（波長≪媒質の大きさの場合）。

反射の法則

　　　　光が媒質の境界面で反射するとき、入射角θ_iと反射角θ_rは等しくなります。
$$\theta_i = \theta_r$$

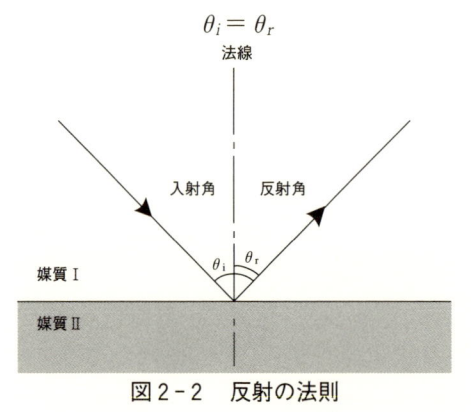

図2-2　反射の法則

屈折の法則

　光は屈折率の異なる2つの媒質の境界では屈折します。図2-3に示すように水の中で物体が曲がって見える現象も屈折の法則によるものです。屈折の法則はスネルの法則とも呼ばれます。

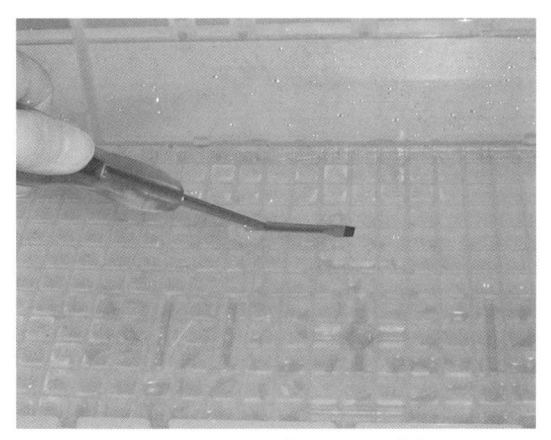

図2-3　光の屈折による現像例

　図2-4において、次の関係が成り立ちます。

$$n_1 \sin\theta_i = n_2 \sin\theta_t$$

n_1：媒質1の屈折率　n_2：媒質2の屈折率
θ_i：入射角　θ_t：屈折角

　光が屈折率の大きい媒質から小さい媒質に入射すると、屈折角は常に入射角よりも大きくなります。入射角が小さい場合には、光は境界面で一部反射し、残りが屈折します。入射角が大きくなると、透過光は境界面に沿うようになります（屈折角90°）。このときの入射角を臨界角といいます。さらに、臨界角より入射角を大きくしていくと、透過する光がなくなり、入射した光はすべて反射することになります。この現象を全反射と呼びます。全反射は、屈折率の大きい媒質から屈折率の小さい媒質へ光が進むときに起こる現象です。

第2章
光ファイバの基礎

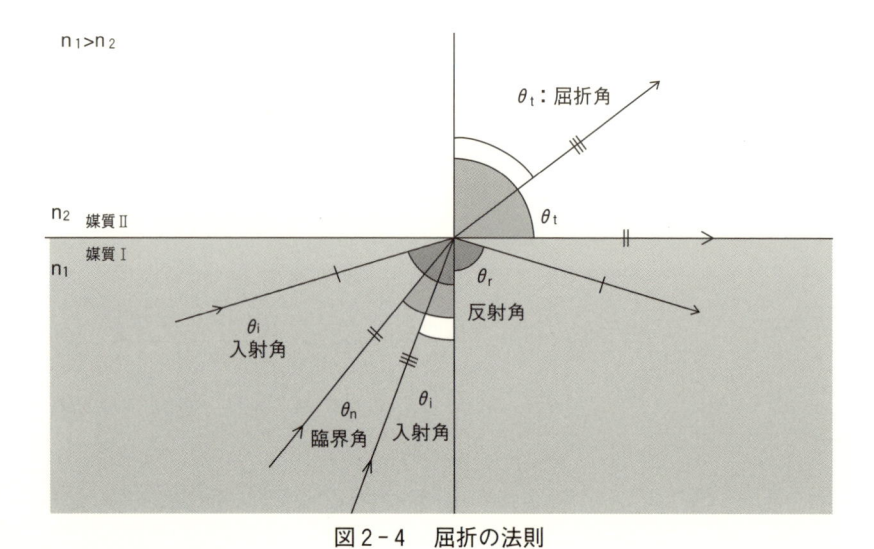

図2-4　屈折の法則

技術解説（光の速さ）

光の重要な性質のひとつに、「光の速さは、屈折率の異なる媒質中では異なる」ことがあります。屈折率nの媒質中の光の速さVnは、真空中の光の速さをcとするとVn＝c/nとなります。

技術解説（屈折率）

屈折率とは、異なる境界面で起こる屈折の度合いを表し、真空を1とした場合の比で表します。各媒質の屈折率は表2-1のようになります。

表2-1　各種媒質の屈折率

媒質	屈折率
真空	1.0
空気	1.0003
水	1.3
石英	1.5
ダイヤモンド	2.4

光の伝搬のしくみ

● 光ファイバの構造

光ファイバは、光が伝搬するコア（core）と呼ばれる部分と、その周辺を同心円状に覆いコア内の光を閉じ込め、機械的な強度を確保するためのクラッド（cladding）と呼ばれる部分の2重構造となっています。光ファイバは非常に細く、人間の髪の毛が平均100μm程度の太さであるのに対して、クラッドの太さは125μm程度、コアにいたっては9μm程度の太さ（シングルモード光ファイバの場合）しかありません。

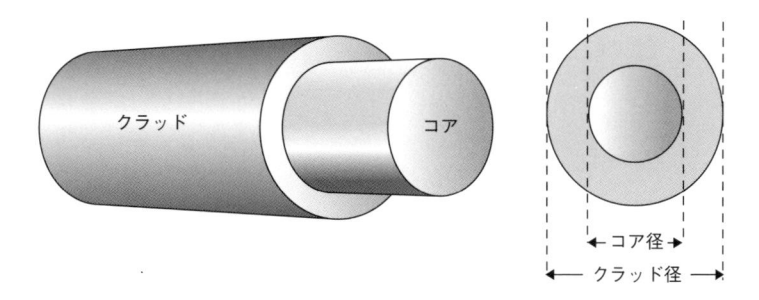

図2-5　光ファイバの構造

● 光の伝搬のしくみ

ここでは、光ファイバ内を光が伝搬していく仕組みを見ていきます。

ある媒質から、屈折率が低い異なる媒質に向かって、ある条件で光が入射すると、入射光は媒質の境界面で全反射されます。このことを利用して、光ファイバのコアの屈折率をクラッドの屈折率よりも多少大きくすることで、ある角度で入射した光は全反射し、コア内に閉じ込められクラッドに漏れることなく全反射を繰り返して伝搬していきます。これが光ファイバ内の光の伝搬原理です。

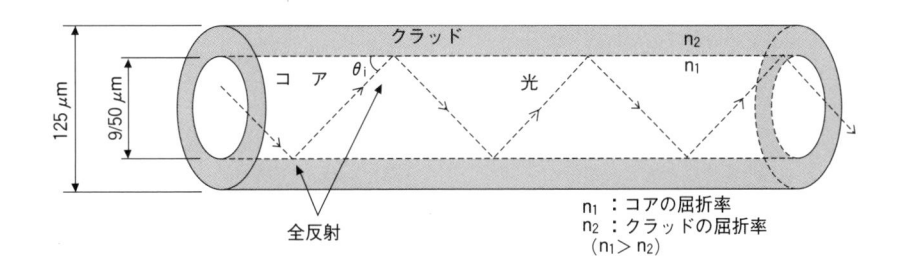

図2-6　光の伝搬の仕組み

第2章
光ファイバの基礎

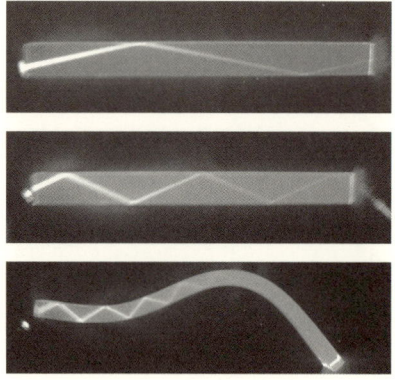

図2-7 光の伝搬の様子

● 開口数

　光が光ファイバ内で全反射するためには臨界角よりも小さい角度で光ファイバ内に入射する必要があります。つまり、光ファイバに入射する光のうち、ある角度を満足する光だけが光ファイバ内を伝搬していくことになります。光ファイバの受光範囲を示す最大の角度を最大受光角といい、これは、コアとクラッドの境界面で臨界角となるような受光角です。この受光角が大きいほど光は入射しやすくなりますが、光の損失や分散も大きくなり伝送できる信号帯は狭くなります。

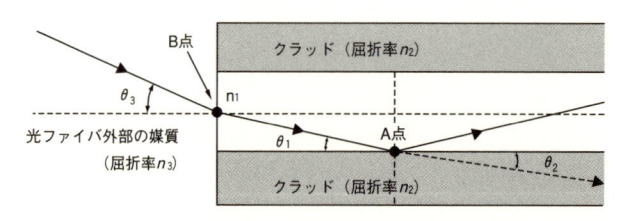

図2-8 光ファイバの受光角

　図2-8の光ファイバのコアの屈折率をn_1、クラッドの屈折率をn_2、光ファイバ外部の媒質の屈折率をn_3とすると、光が光ファイバ中を伝搬するためにはクラッドの屈折率n_2はコアの屈折率n_1より小さくなければなりません。また、A点において、入射した光がクラッドの境界面と成す角度をθ_1、屈折する角度をθ_2、B点で入射する角度をθ_3とすると、A点においては、スネルの法則により、(1)式が成り立ちます。

$$\frac{\cos\theta_1}{\cos\theta_2}=\frac{n_2}{n_1} \tag{1}$$

　ここで、θ_1を次第に小さくしていくと、ある角度でコアからクラッドに入射する光線は、クラッドに透過せず全反射されます。このときの角度をθ_cとすると、(1)式より、(2)式が求められます。

$$\cos\theta_c=\frac{n_2}{n_1} \tag{2}$$

通常の光ファイバでは、n_1とn_2の差の絶対値は非常に小さく、比屈折率差 Δ（$\Delta = \dfrac{n_1 - n_2}{n_1}$）とすると、

$$\sin\theta_c \fallingdotseq \sqrt{2\Delta} \tag{3}$$

となり、Δは十分に小さく、θ_cも小さくなるため、θ_cは(4)式で表すことができます。

$$\theta_c = \sqrt{2\Delta} \tag{4}$$

次に、B点においても同様にスネルの法則により、(5)式が成り立ちます。

$$\frac{\sin\theta_3}{\sin\theta_1} = \frac{n_1}{n_3} \tag{5}$$

ここで、θ_1がθ_cとなるときの入射角θ_3をθ_mとすると、光ファイバ内で光線が伝搬していくためには、入射角θ_3は、θ_mより小さくする必要があります。
光ファイバ外部の媒質を空気とすると、屈折率n_3は1となるため、(5)式は(6)式で表せます。

$$\sin\theta_m = \sin\theta_c \times n_1 \tag{6}$$

このときのを開口数（NA：Numerical Aperture）といい、次式より求められます。

$$NA = n_1\sqrt{2\Delta}$$

第3章
光ファイバの分類とその特性

第3章
光ファイバの分類とその特性

光ファイバの分類法

　光ファイバは、(1)使用材料、(2)伝搬モード数及びコアの屈折率分布、(3)形態などにより、図3-1のように分類されます。

```
光ファイバ ─┬─ 伝播モード ─┬─ シングルモード ─┬─ 標準ファイバ(SM)
            │              │                  ├─ 分散シフトファイバ(DS)
            │              │                  └─ 偏波面保存ファイバ(PANDA)
            │              └─ マルチモード ─┬─ ステップインデックスファイバ(SI)
            │                                └─ グレーデッドインデックスファイバ(GI)
            ├─ 材　料 ─┬─ 石　英
            │          ├─ 多成分
            │          └─ プラスティック
            └─ 形　態 ─┬─ 光ファイバ素線
                       ├─ 光ファイバ心線
                       ├─ 光ファイバコード
                       └─ 光ファイバケーブル
```

図3-1　光ファイバの分類

使用材料による分類

　光ファイバを使用材料により分類すると表3-1のように、(1)石英を主成分とし、屈折率を変化させるための各種ドーパントを添加した石英系光ファイバ、(2)ソーダ石灰等を主成分とした多成分系光ファイバ、(3)アクリル樹脂等が主原料であるプラスチック系光ファイバに分類されます。特に石英系光ファイバは、低損失であり、伝送特性の面でも信頼性が高く、公衆通信などほとんどの通信系で用いられています。
　図3-2から各ガラスの透明度を見てみましょう。窓ガラスの透明度（ここでは、光の強度が半分になる距離）が数センチであるのに対して、石英系光ファイバで用いられている石英ガラスは、十数キロです。これは石英系光ファイバには極めて透明な材料が用いられていることを示しています。

第 3 章
光ファイバの分類とその特性

表3-1　材料による分類

名　称	主　成　分	用　途	特徴 損失
石英系光ファイバ	石英（SiO3）＋ドーパント（Ge,B,F等）	一般通信用	低
多成分系光ファイバ	ソーダ石灰、アルカリほうけい酸ガラス等	現在ほとんど使われていない	中
プラスチック系光ファイバ	アクリル樹脂	ホームネットワーク、カーネットワーク	大

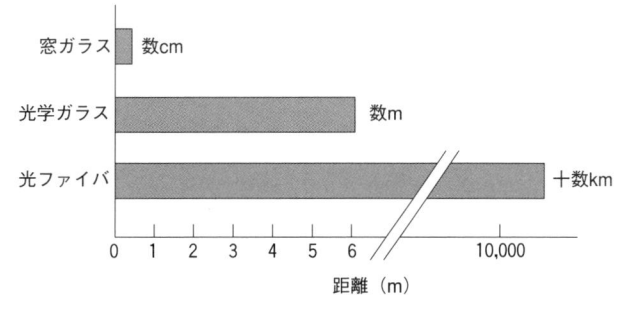

図3-2　材料による光減衰量の比較

伝搬モードによる分類

　光ファイバを伝搬モードで分類すると、(1)伝搬モードが1つしか存在しないシングルモード光ファイバ（SMF：Single Mode Fiber）、(2)2つ以上のモードを伝搬するマルチモード光ファイバ（MMF：Multi Mode Fiber）に分けられます。

● マルチモード光ファイバ

　マルチモード光ファイバとは、光ファイバ内を伝搬する光のモードが複数存在する光ファイバです。マルチモード光ファイバアプリケーションの構造パラメータとして、62.5/125μmと50/125μmの使用が規定されています。マルチモード光ファイバは開口数（NA）が大きいため、比較的安価なLEDやVCSEL等の光源を使用可能なため、システムコストが小さいという利点があります。

第3章
光ファイバの分類とその特性

> **技術解説（クラッド径とコア径の表記）**
>
> クラッド径とコア径のパラメータは、次のように表します。
> - コア径50μm、クラッド径125μmのとき、50/125μm
> - コア径62.5μm、クラッド径125μmのとき、62.5/125μm
>
> 図3-3　クラッド径とコア径

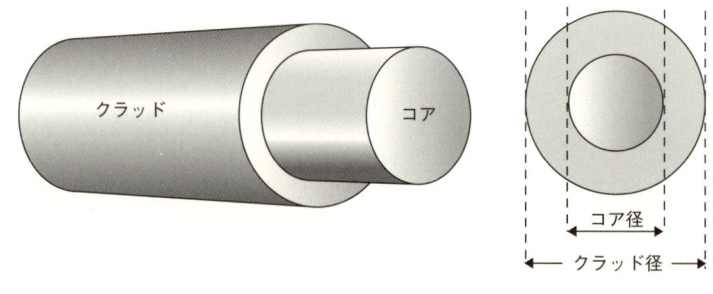

● シングルモード光ファイバ

　シングルモード光ファイバとは、対象となる波長で最低次のモードだけを伝搬する光ファイバです。つまり、シングルモード光ファイバ内を伝搬する光のモードは、コアの中心部でパワーが最大になるもの1つだけです。マルチモード光ファイバと外観及び構造はほぼ同じですが、標準シングルモード光ファイバでは、モードフィールド径は9μm、クラッド径は125μmとなっています。また、特徴として非常に高帯域・低損失であり、使用波長は1310nm及び1550nmが用いられています。構造上、開口数が小さいので、レーザを光源として用いる必要があり、システムコストはマルチモード光ファイバシステムよりも高くなります。
　シングルモード光ファイバは、ISP・電話・CATV網など長距離・広帯域アプリケーションで用いられています。

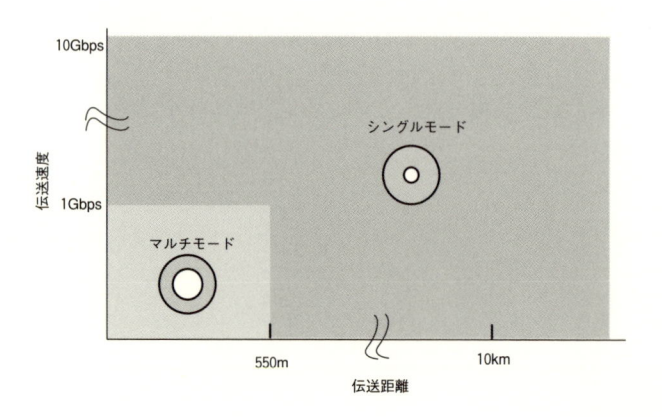

図3-4　マルチモード光ファイバとシングルモード光ファイバの性能比較

技術解説（光の伝搬モード）

　光ファイバ内に最大受光角より小さい角度で入射した光はコアとクラッドの境界面で全反射を繰り返しながらコア内を伝搬していきますが、すべての光が伝搬していくわけではありません。光ファイバ内で光が伝搬できる経路は決まっており、この光の通り道（伝搬経路）のことを伝搬モードと呼んでいます。伝搬モードのうち、反射角の補角（90度から角度を引いたもの）が小さい順に0次モード、1次モード、2次モード、…、(n-1)モードと呼ばれます。最高次の(n-1)次モードは臨界角に最も近い伝搬モードとなります。この伝搬モードが複数存在する光ファイバがマルチモード光ファイバで、0次モードのみが存在する光ファイバはシングルモード光ファイバと呼ばれます。つまり、マルチモード光ファイバは、光ファイバ内に光の通り道が複数存在し、シングルモード光ファイバは光の通り道がただ1つということになります。

技術解説（伝搬モード数と遮断波長）

　光ファイバの伝搬モード数Nは次式より求められます。

$$N \leq \frac{4a}{\lambda_0} \sqrt{n_1^2 - n_2^2}$$

n_1：コアの屈折率　　n_2：クラッドの屈折率
λ：使用波長　　　a：コア半径

事例

　$n_1=1.465$、$n_2=1.460$、$2a=9\,\mu m$、使用波長を$\lambda=1.31\,[\mu m]$とすると、伝搬モード数は次のように求められます。

$$\begin{aligned} N &= \frac{4a}{\lambda} \cdot \sqrt{n_1^2 - n_2^2} \\ &= \frac{18}{1.31} \times \sqrt{(1.465)^2 - (1.460)^2} \\ &= 1.66 \end{aligned}$$

　よって、伝搬モード数はNより小さい整数で1となり、シングルモード光ファイバとなります。

第3章
光ファイバの分類とその特性

マルチモード光ファイバの構造

マルチモード光ファイバにはその構造によって、ステップインデックス型とグレーデットインデックス型に分けられます。

● ステップインデックス型

図3-5のように、ステップインデックス型（SI型：Step Index）光ファイバは、コア内の屈折率が一定で、その屈折率はクラッドの屈折率よりも大きい屈折率分布となっています。

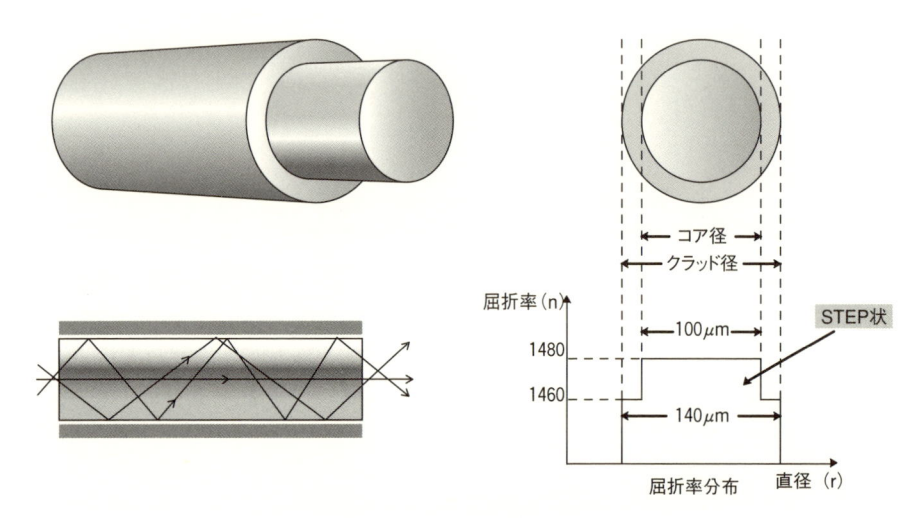

図3-5　SI型の構造（例）

■SI型のモード分散

SI型光ファイバは伝送損失が大きいため、通信には向かず現在石英系の光ファイバではほとんど用いられていません。ここでは、SI型光ファイバの伝送損失が大きくなる原因を見ていきます。

図3-6のように、光ファイバ内で0次、1次、2次の3つのモードが伝搬可能であるとすると、入射端から出射端までの経路は、0次モードが最短で、2次モードが最長となります。コア内の屈折率は一定であるため、どの経路をとる光の速度も一定で、経路長が長いほど出射端に到達する時間は遅くなります。従って、0次モードが一番早く到達し、2次モードが最後に到達します。これにより、出射端での光パルスは、入射端での光パルスに比べて、時間的な広がりを持ち歪んだ形となってしまいます。これは、一定時間に多くのパルスが入射されたとき、隣接した光パルスが重複しビットエラーが生じる原因となります。この現象をモード分散と呼び、マルチモード光ファイバで帯域が制限される要因となります。

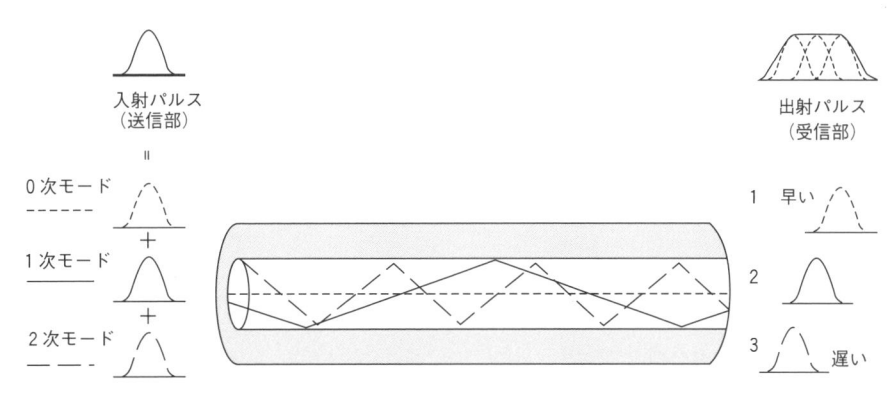

図3-6　SI型における光パルスの波形劣化

● グレーデッドインデックス型

　SI型の欠点であるモード分散を抑えるため、コア内の屈折率分布を階段状ではなく、緩やかに変化させたものをグレーデットインデックス光ファイバ（GI型：Graded Index）と呼んでいます。

　コアの屈折率n_{core}、真空中での光の速度をcとすると、光ファイバ内の光の速度c'は、$c'=c/n_{core}$で求められます。従って、屈折率が大きいほど光の速度は遅くなります。これをGI型のコアに当てはめてみると、コアの中央ほど屈折率が大きいので光の速度は遅く、クラッドに近づくほど屈折率が小さいのでコア中央よりも光の速度は速くなります。つまり、0次モードでは経路長は最短で速度は最低です。一方、2次モードでは、経路長は最長で速度は最高となります。これにより入射端から出射端までの伝搬時間はほぼ同じになり、モード分散が抑えられます。

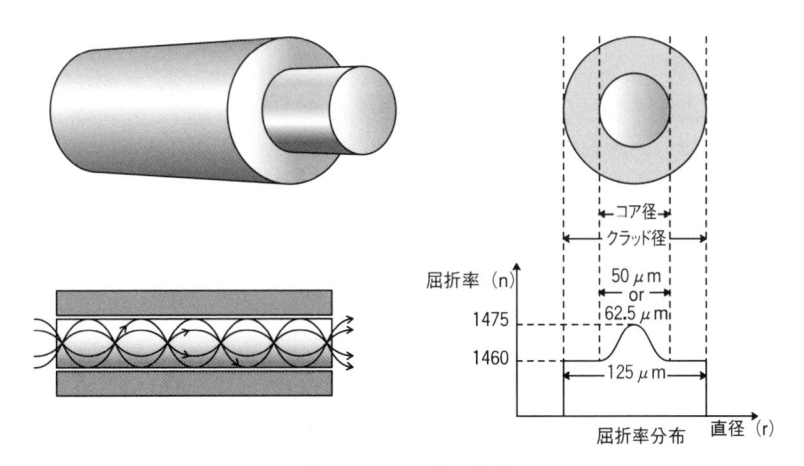

図3-7　GI型の構造

第3章
光ファイバの分類とその特性

技術解説（屈折率分布パラメータ）

マルチモード光ファイバの屈折率分布は、光ファイバの中心からrの点の屈折率をn（r）としたとき、次式で表されます。

$$n(r) = \left\{ 1 - 2\Delta \left[\frac{r}{a}\right]^a \right\}^{\frac{1}{2}} \quad \begin{pmatrix} 0 \leq r \leq a(コア) \\ n \geq a(クラッド) \end{pmatrix}$$

ただし、

$$\Delta = \frac{n_1^2 - n_2^2}{2n_1^2} \cong \frac{n_1 - n_2}{n_1}$$

$$(0 \leq r \leq a)$$

Δ：比屈折率差　　　　r：コア中心からの距離　a：コア半径
n_1：コア中心部の屈折率　n_2：クラッドの屈折率　　α：屈折率分布係数

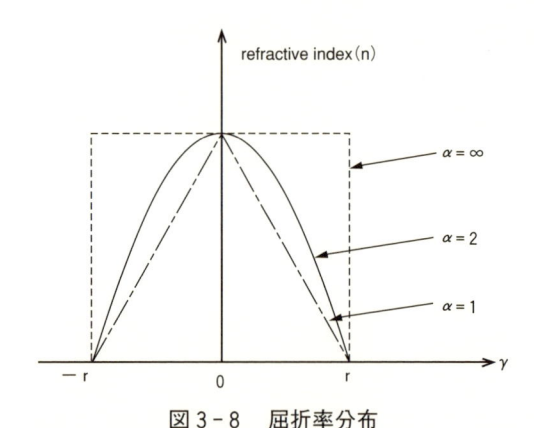

図3-8　屈折率分布

このとき、屈折率分布分布係数αが$10 \leq \alpha \leq \infty$であるものがステップインデックス型光ファイバ、$3 \leq \alpha \leq 10$であるものがグレーデッドインデックス型光ファイバとなります。

シングルモード光ファイバの構造

シングルモード光ファイバは、その構造により標準シングルモード光ファイバと分散シフト光ファイバに分けられます。

● 標準シングルモード光ファイバ

標準シングルモード光ファイバ（Conventional Single mode Fiber）は、コア径8～9μm、クラッド径125μmの光ファイバです（図3-9）。標準シングルモード光ファイバは、単一の伝搬モードしか存在しないため本質的には伝搬後のパルス歪はありません。しかし実際には、光源の持つわずかな波長幅による分散

が生じ、パルスが歪んできます（波長分散）。また、光ファイバのコアを構成する材料の分散（材料分散）と異種のガラスが組み合わされてできている二重構造による分散（構造分散）が合成されたものが現れてきます。このとき、材料分散と構造分散の波長依存性が互いに逆特性を持っているため、ある波長で分散がゼロになります。この波長を零分散波長と呼び、標準シングルモード光ファイバの場合は、1.3μm帯に零分散があるため、この波長が用いられ、伝送損失が低い優れた特性を有しています。

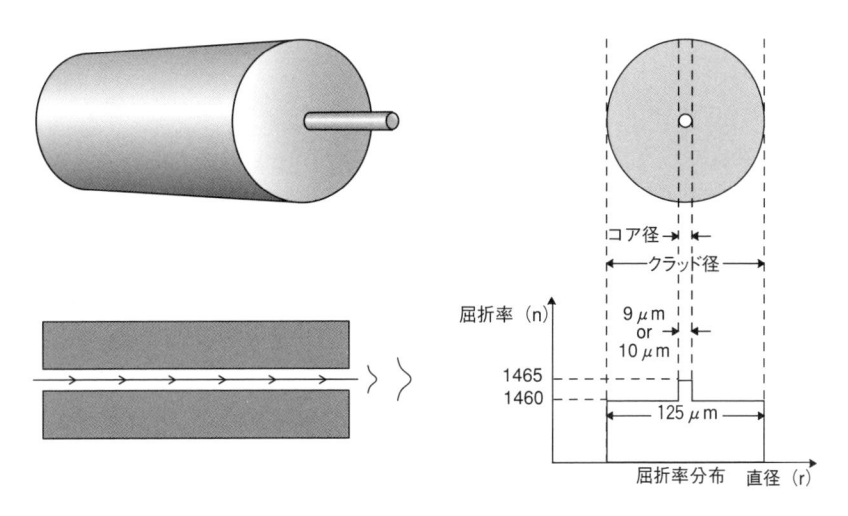

図3-9　シングルモード光ファイバの構造

● 分散シフト光ファイバ

　分散シフト光ファイバ（DSF：Dispersion Shifted Fiber）は、構造分散値と屈折率分布を制御することにより波長分散の最小領域を1.3μm帯から1.55μm帯へシフトさせたもので、低損失と零分散を同時に満足させた光ファイバです。

　材料分散が比屈折率差、コア径、屈折率分布の形状にあまり影響されないのに比べて、構造分散はこれらに依存します。従って、零分散波長をシフトさせるためには、構造分散を制御する必要があります。一般的には、構造分散を制御する方法として、(1)比屈折率差Δを大きくする、(2)コア径を大きくするという2つのものが考えられますが、どちらも適切な方法ではありません。一般的には、コアの屈折率分布の形状を変える方法がとられています。

　近年では、使用波長域において分散値を零からわずかにシフトさせるとともに、分散値がフラットである非零分散シフト光ファイバ（NZ-DSF：Non-Zero Dispersion Shifted Fiber）が開発され、更なる高速伝送に対応できるようになっています。

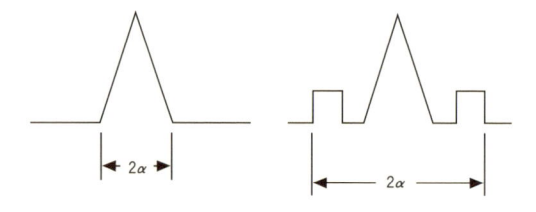

図3-10　分散シフト光ファイバの屈折率分布

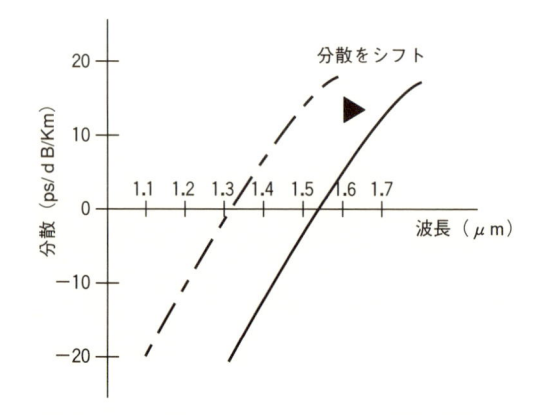

図3-11　分散シフト光ファイバの波長依存性

プラスチック光ファイバ

　プラスチック光ファイバ（POF：Plastic Optical Fiber）とは、コアに汎用樹脂であるPMMA（Poly Methyl Meth Acrylite）、クラッドにフッ素系樹脂などを使用した光ファイバです。POFは通常ステップインデックス型の構造をもっており、石英系光ファイバに比べて大口径です。
　POFの特徴として次のことがあげられます。
- 端面の多少の汚れや傷、光軸のずれがあっても伝送が可能である。
- 光コネクタ等の光部品を安く作ることができ、かつ加工が容易である。
- 曲げに強く非常に折れにくい性質である。
- POFの光送信モジュールは通常650nm（赤）の安価なLEDを光源とする。

　これらの特徴から、POFは家電分野、ホームネットワーク・カーネットワーク分野で注目されています。

第3章 光ファイバの分類とその特性

図3-12 POFの構造例

また近年、GI型の構造（120/500μm）を持ち、Gigabit/Fast Ethernetなどの高速通信にも対応可能なプラスチック光ファイバが開発され、FTTD（Fiber To The Desk）への応用が期待されています。

光ファイバの基本パラメータ

光ファイバの特性を表すものとしていくつかの基本パラメータがあります。これら基本パラメータを理解することは、光ファイバを施工する上で非常に重要です。

■コア径（core diameter）

コア径とは、マルチモード光ファイバの適用されるパラメータで、コア領域の外周を最もよく近似する円の直径を表します。この値が大きいほど広帯域化ができます。

■モードフィールド径（MFD: Mode Filed Diameter）

シングルモード光ファイバに適用されるパラメータで、光ファイバ内の光の強度分布を調べて光の強度が最大値の$1/e^2$になる箇所の直径を表します（図3-13）。シングルモード光ファイバの場合、光のモードの一部はクラッドの中を一部コアからしみ出すような形で通っているので、光ファイバの出射端における光の直径は、いわゆるコア径よりも大きいことになります。

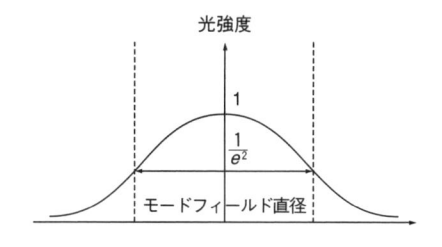

図3-13 モードフィルード径

第3章
光ファイバの分類とその特性

■外径（cladding surface diameter）
　外径とは、光ファイバの太さを表し、一般的にはクラッド部の直径を表します。また、光の放射損失の検討時や、機械的強度、接続特性を評価する場合に重要なパラメータです。

■比屈折率差
　比屈折率差Δとは、コアとクラッドの屈折率の差を示し、次式で表されます。

$$\Delta = \frac{n_1 - n_2}{n_1}$$

n_1：コアの屈折率　　n_2：クラッドの屈折率

■開口数（NA：numerical aperture）
　開口数とは、光ファイバへの光の入射条件を表すものです。光ファイバの開口数と光源の集光レンズの開口数が同じとき、光の入射効率が最も高くなります。光ファイバ端面での最大受光角をθ_{max}（光が光ファイバ内のコアとクラッドの境界面で全反射して伝搬していく最大入射角度）で表すと、光ファイバの開口数NAは次式で与えられます。

$$NA = n_1 \sin\theta_{max} = n_1\sqrt{2\Delta}$$

n_1：コアの屈折率　　Δ：比屈折率差

　一般的に、高い帯域の光ファイバほどNAが小さく、モードの数も少なくなります。また、NAが小さい光ファイバは、その光源に非常に狭いビームを放射するものが必要であり、一般的にレーザ（LD：Laser Diode）が用いられています。

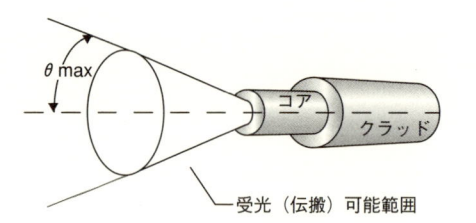

図3-14　開口数

■カットオフ波長（cutoff wavelength）
　カットオフ波長とは、シングルモード光ファイバに適用されるパラメータで、この値よりも小さな値で使用するとシングルモード光ファイバとして使用できません。カットオフ波長λ_cは次式で求められます。

$$\lambda_c = \frac{2\pi a}{2.405} \cdot \sqrt{n_1^2 - n_2^2}$$

n_1：コアの屈折率　　n_2：クラッドの屈折率　　a：コア半径

第3章
光ファイバの分類とその特性

> **事例**
>
> $n_1=1.463$、$n_2=1.460$、$2a=9\ \mu$mのとき、この光ファイバがシングルモードとなるためのカットオフ波長を求めます。
>
> $$\lambda_c = \frac{2\pi a}{2.405} \cdot \sqrt{n_1^2 - n_2^2}$$
> $$= \frac{2\times 3.14 \times 9}{2.405} \times \sqrt{(1.463)^2 - (1.460)^2}$$
> $$= 1.10\ [\mu m]$$
>
> 従って$\lambda_c=1.10\ [\mu m]$よりも長い波長でシングルモード動作になります。

表3-2にITU-T（International Telecommunication Union Telecommunication standardization sector：国際電気通信連合）による光ファイバの構造パラメータの標準化勧告を示します。

表3-2　光ファイバの構造パラメータの標準化勧告

	G.651 GIファイバ	G.652 SMファイバ	G.653 DSFファイバ
使 用 波 長	(a) 0.85 μm (b) 1.30 μm	(a) 1.31 μm (b) 1.55 μm	1.55 μm
コ ア 径	50 μm± 3 μm	—	—
モードフィールド直径	—	8.6〜9.5 μm±10%	7.8〜8.5 μm±10%
ケーブル遮断波長	—	1.26/1.27 μm以下	1.27 μm
クラッド径	125 μm± 3 μm	125 μm± 2 μm	125 μm± 2 μm
偏心率／偏心量	6 %以下	1 μm以下	1 μm以下
コ ア 非 円 率	6 %以下	—	—
クラッド非円率	2 %以下	2 %以下	2 %以下
開口数（NA）	0.20/0.23±0.02	—	—

■伝送帯域

　伝送帯域とは、主にマルチモード光ファイバに適用されるパラメータです。光ファイバの伝送帯域は、光ファイバが1秒間にどの程度の情報量を送ることができるかを表す尺度です。つまり、信号がどの周波数まで歪なく送れるかという目安を与えるものです。

　光を正弦波で変調・入射して、光ファイバの正弦波の周波数に対する損失を測定すると、この特性（ベースバンド周波数特性）は周波数が高いほど損失が大きくなります。ある光ファイバに信号を入射し1 km伝搬したあとのベースバンド周波数を調べ、その正弦波の出力時の振幅が入力時の振幅の1/2になる周波数の範囲を6 dB帯域幅と呼び、これをその光ファイバの伝送帯域としています（光パワーの減衰量では3 dB）。

　帯域の表現方法には2通りあります。1つには1 km伝送中にどれだけパルスが広がるかを示す方法で、単位はns/kmで表されます（時間軸上の表現）。もう1つは周波数軸上の表現方法でMHz・kmで表されます。

　シングルモード光ファイバの分散特性は、ps/nm・kmで表されます。従っ

て、分散は発光スペクトル幅に最も影響されます。

> **事例**
>
> 　使用波長が1.285～1.330nm、分散が3.5×10ns/nm・kmである1.3μm用シングルモード光ファイバを用いたとき、あるシステムの伝送距離が40km、光源のスペクトル幅が5nmとすると、パルスの広がりは0.7nsとなります。

技術解説（デシベル［dB］とは）

　光通信における損失などの値を示す単位として［dB］（デービーあるいはデシベル）を用いています。これは、入力パワーP_1と出力パワーP_2の比で表されます。

　光損失Nは次式により求められ、単位は［dB］となります。

$$N = 10\log_{10}\left(\frac{P_2}{P_1}\right) [\text{dB}]$$

このとき、$P_1 > P_2$ならばNは負となり減衰を表します。

　また、同様の単位として［dBm］がありますが、これはミリワット参照のデシベルを意味しています。1［mW］＝0［dBm］です。

$$dBm = 10\log_{10}\frac{P[mW]}{1[mW]}$$

　光ファイバ損失のように減衰を表すときには、Nはすべて負になりますが、簡単のため負号を取り、絶対値で表しています。表3-3にdBと減衰量の関係を示します。

表3-3　デシベル（dB）

数	デシベル表示
1/100	−20
1/10	−10
1/2	−3
2	3
4	6
10	10
100	20
1000	30

光ファイバの光損失

● 光ファイバの損失の要因

　光ファイバの損失は光ファイバ内を伝搬する光のエネルギーがどれだけ減衰するかを示す尺度です。

　光ファイバの損失要因として主に次のようなものが挙げられます（図3-15）。

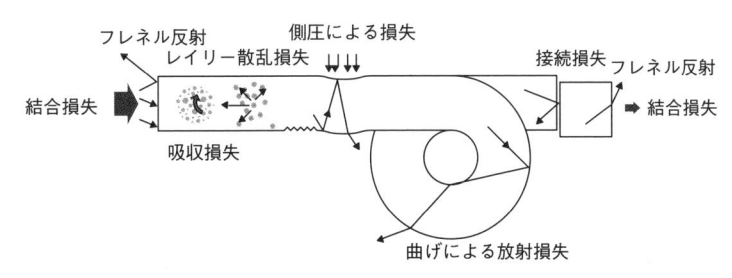

図3-15　光ファイバ損失

■レイリー散乱損失

　光がその波長に比べてあまり大きくない物質に当たったとき、その光がいろいろな方向に進んでいく現象です。光ファイバの光損失の大部分がこのレイリー散乱損失によるものです。光ファイバはその製造工程における線引きの際に、2000℃程度の高温から20℃程度まで一気に冷却されます。このため、高温時に生じる微小な密度のゆらぎなどが光ファイバ内に残存してしまいます。レイリー散乱損失は、そのゆらぎ等により生じる損失で、波長の4乗に反比例して大きくなるので、長波長帯を用いることでその影響が少なくなっています。現在、このレイリー散乱損失値が光ファイバ損失の理論限界となっています。

■吸収損失

　光ファイバ中を伝わる光が外へ漏れることなく光ファイバ材料自身によって吸収され、熱に変換されることによる損失です。主に、ガラスの主成分（SiO_2）が特定波長のエネルギーを吸収するために生じる吸収損失と光ファイバ製造中や製造後の化学反応によって発生する水素イオンOH^-が光エネルギーを吸収するために生じるOH吸収損失があります。このOH^-による損失は現在ほぼ0となっています。

■構造不均一による損失

　光ファイバは製造上の要因のため、クラッドとコアの境界面は完全に平らな円筒面ではなく、非常に微小な凹凸が存在しています。この凹凸により、伝搬モードが放射モードに変換されることで生じる損失です。

第 3 章
光ファイバの分類とその特性

■マイクロベンディングロス
　光ファイバに側面から不均一な圧力を加えると、光ファイバの軸が数μm程度曲がることにより放射モードが生じて発生する損失です。

■曲げによる損失
　光ファイバが曲げられると生じる損失で、曲げられた光ファイバ中では、臨界角以上の角度となる光が放射されるため損失が発生します。このことは光ファイバの取り扱い上重要な性質です。

■接続損失
　光ファイバ同士の接続不良が原因で生じる損失です。コアの軸ズレ、間隙、端面の凹凸及び埃の付着等が要因となります。

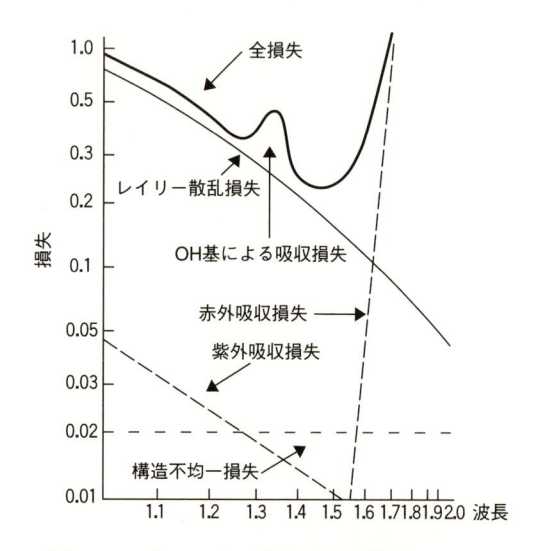

図 3-16　光ファイバ損失とその要因

● 光ファイバの分散

　光ファイバに入射された光パルスは光ファイバ内部を伝搬していく間に、そのパルス幅は広がってしまいます。この現象を分散と呼んでいます。分散はその発生要因によってモード分散、波長分散及び偏波モード分散に分けられます。

第 3 章
光ファイバの分類とその特性

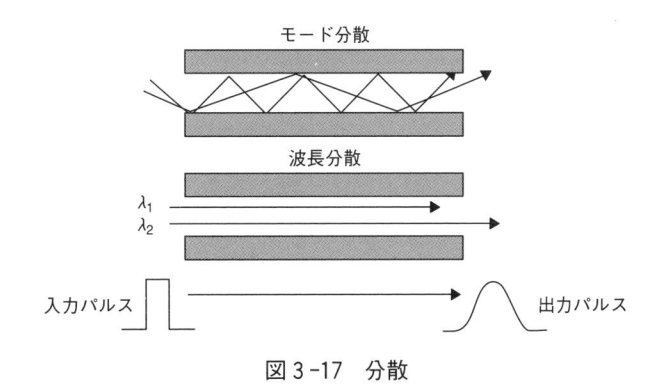

図 3-17 分散

■ モード分散

　モード分散とはマルチモード光ファイバにおいて、伝搬モードによって光の伝搬経路が異なるため到着時間が違うことによる波形の広がりのことです。シングルモード光ファイバでは、伝搬モードが一つしか存在しないためモード分散は生じません。

■ 波長分散

　波長分散とは、光ファイバ内に入射する光が広がりを持っていることが原因となり起こる分散です。波長分散は材料分散と構造分散の和で与えられます。波長分散と材料分散は波長に対する依存性が逆特性になっていて、その和より特定の波長領域で波長分散の値を最小とすることができます。このときの波長を零分散波長と呼びます。

材料分散

　　光通信で利用される光源は厳密には単一の波長ではなく、多少の広がりがあります。同じ屈折率でも波長により伝搬速度が異なるため、光ファイバ内部を伝搬する間に広がりを持つため生じる材料特性に依存する分散です。

構造分散

　　光ファイバの構造に起因する分散で、コアとクラッドの屈折率差が小さい場合は、その境界面での全反射は実際にはクラッド部へ一部はみ出すように行われます。しかも、このはみ出しの割合は波長依存性があるため伝搬する間にその波形が広がってしまうことによる分散です。

　一般的に、モード分散≫材料分散＞構造分散の関係が成り立つので、マルチモード光ファイバでは伝送帯域がモード分散によって制限され、シングルモード光ファイバでは波長分散で制限されます（図 3-18）。

第 3 章
光ファイバの分類とその特性

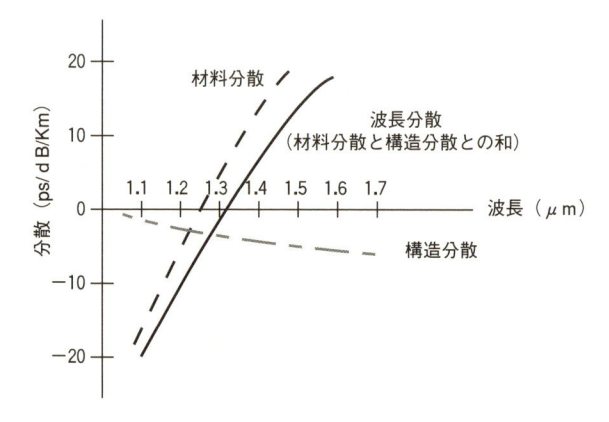

図 3-18 シングルモード光ファイバの分散特性

光ファイバの製造法

　ここでは、光ファイバの製造法を見ていきます。
　光ファイバは二重構造になっており、コアの材料は不純物や欠陥がない状態にする必要があります。これを可能にしたのが、気相法を呼ばれる画期的な製法です。現在、以下に示すように 3 種類の製法が実用化されています。

● MCVD法

　この方法では、図 3-19 のように中空のガラス管を用意し旋盤に固定し、ガラス管の一方から原料ガスを注入します。原料ガスとして、ガラスを形成するSiO_2の元になる$SiCl_4$ガス、屈折率を高める作用をするGeO_2の元になる$GeCl_4$及び酸素ガスの混合ガスが使われます。これら 4 塩化物は、常温では液体であり、加熱すると気体となって蒸発します。この時、いわゆる分別蒸留が同時に起こり不純物が自動的に除去されることがこの製法の優れた特徴です。MCVD法の場合には、導入された混合ガスがガラス管外部からバーナー（または高周波加熱）で加熱され、第一段階でSiの 4 塩化物が酸化物に変化し、スートと呼ばれるシリカガラスの微粒子層がガラス管内壁に堆積します。この操作を繰り返すと次第にガラス微粒子の圧膜が形成されます。第二段階として、Geの 4 塩化ガスを混合してガラス管内に導入します。その結果、Si-Geの酸化物微粒子膜が形成されます。このようにして得られた 2 層のガラス微粒子層が内側に堆積したガラス管を高温化で焼結してやると溶解一体化した透明なガラスロッドが形成されます。これをプリフォームと呼び、高温化で熱延してやると所定の光ファイバが得られます。MCVD法は、精密に制御された状態で 1 層ずつガラス微粒子層を堆積させる方式であるため、コア部に複雑な屈折率分布を形成することが可能です。

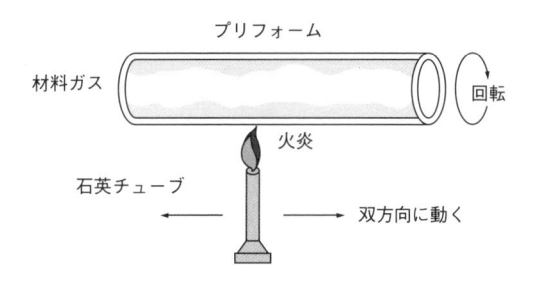

図3-19　MCVD法

● OVD法

　OVD法は、外付け法とも呼ばれ、種ガラスロッドの外側にMCVD法と同様に原料ガスを酸水素中で酸化させ、その種ガラスロッドの表面上にガラス微粒子層を堆積させる方法です。合成が終了した時点で、種ガラスロッドを引き抜いてガラス微粒子層を高温で焼結すると、一体化した透明ロッド（プリフォーム）が得られます。OVD法は、屈折率の制御が多少難しい反面、生産性は高い方法です。

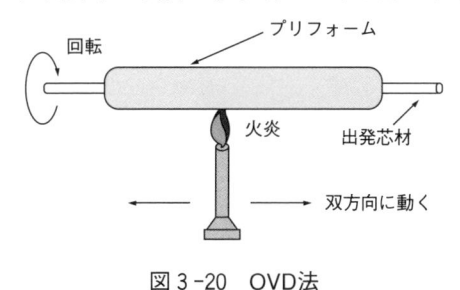

図3-20　OVD法

● VAD法

　MCVD法とOVD法の特徴を併せ持った製法で、日本が独自に開発した方式です。種ガラスロッドを垂直に設置し、下部から原料ガスを酸水素炎と共に加熱分解、ガラススートを合成する方法です。原料ガスの導入制御やロッドの送りなど現在完全自動化されており、高効率で様々の屈折率分布を持った光ファイバが生産されています。

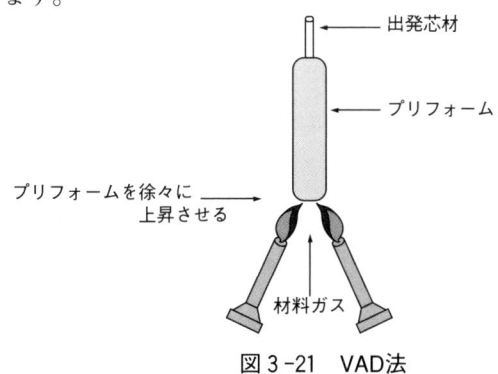

図3-21　VAD法

第3章
光ファイバの分類とその特性

● 線引き工程

プリフォームロッドを垂直に加熱炉中に配置し、このプリフォームを溶融延伸することで所定の外径を持つ光ファイバを製造します。紡糸したばかりの光ファイバは、その外側が傷つきやく、強度が十分でないため、紡糸直後に樹脂のコーティングが施されます。これが素線と呼ばれる取り扱い可能な最小単位となります。

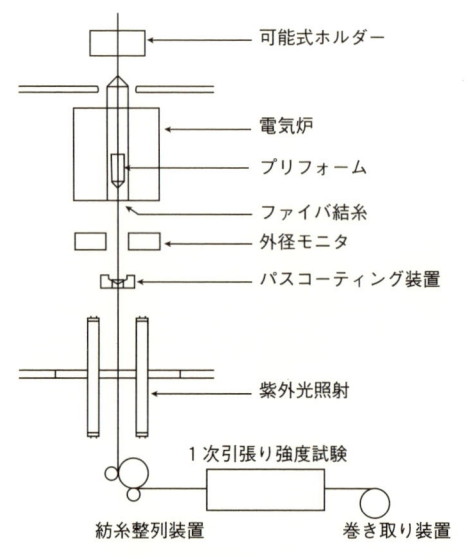

図 3-22 線引き工程

技術解説（石英系光ファイバの添加剤）

石英系光ファイバに使用される主な添加剤の元素は次のものです。
(1) Ge（ゲルマニウム）……屈折率上昇のために広く用いられています。
(2) P（リン）……………屈折率上昇のために用いられましたが、耐水素性が低く最近はあまり用いられていません。
(3) F（フッ素）…………屈折率低下し、ガラス粘度も低下します。
(4) Ti（チタン）…………屈折率が上昇します。表面強化のため光ファイバ表面に用いられます。
Er（エルビウム）………光増幅光ファイバのレーザ媒体。0.98μm、1.55μmに大きなピークがあります。

光ファイバの形態

ここでは、光ファイバの形態による分類を見ていきます。
光ファイバはその形態により図3-23のように分類されます。

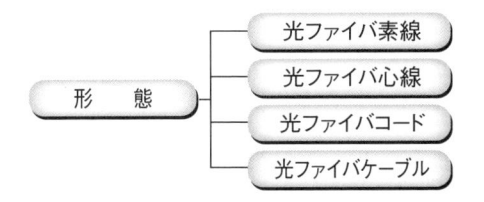

図3-23　光ファイバの形態による分類

● 光ファイバ素線

　光ファイバ素線とは、光ファイバとして使用できる最低限の基本構造の状態を表します。ガラスは傷がつきやすいため、線引きの段階で必ず1次被覆（primary coating：標準外径0.25mm）を行っているので、一般的にこの被覆を含んだものを光ファイバ素線と呼んでいます。

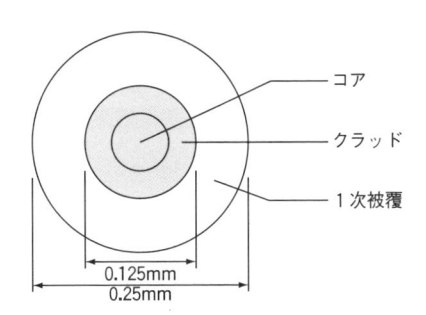

図3-24　光ファイバ素線

● 光ファイバ心線

　光ファイバ素線の状態では強度が十分ではないため、さらにその上に二次被覆（secondary coating）を行ったものを光ファイバ心線と呼んでいます。その被覆形態により0.9mm心線、0.25mm心線、テープ心線の3つに分けられます。光ファイバを心線の状態にすることで、取り扱いが比較的容易になります。

■0.9mm（ナイロン）心線

　線引き直後の光ファイバ素線にナイロン被覆し、外径が0.9mm（900μm）なっているものです。0.25mm心線に比べて取り扱い性に優れ、短距離の配線及び測定用などに使用されています。

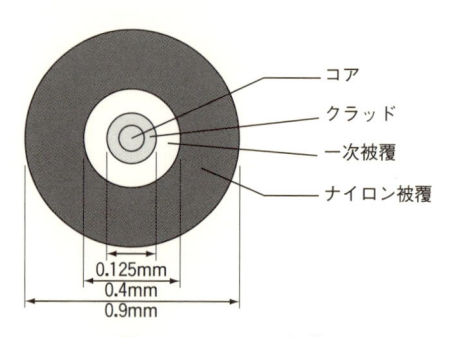

第3章
光ファイバの分類とその特性

図3-25　0.9mm心線

■0.25mm（UV）心線
　光ファイバ素線をUV樹脂（紫外線硬化樹脂）で被覆し、0.25mm（250μm）径としたものです。0.9mm心線と比べて細径であり、スペースファクタに優れているため、多心ケーブル化するときや、FTTHドロップ配線などに用いられています。

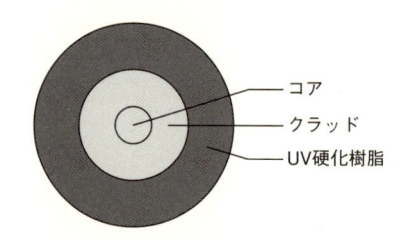

図3-26　0.25mm（UV）心線

● テープ心線
　光ファイバ素線を平行に複数本並べ、一括にUV樹脂で被覆を施したものです。通常2〜12心タイプがあり、多心ケーブルなどで用いられています。

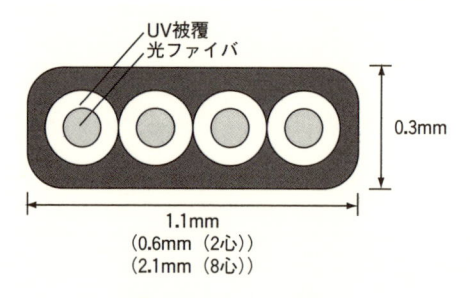

図3-27　テープ心線

● 光ファイバコード

　光ファイバ心線の機械的強度を強化するために、心線の周囲を抗張力繊維で補強し、さらにPVC被覆を施し強度を十分に向上させたものです。外径は2 mmと2.8mmの2タイプがあります。このコードには1心タイプと2心タイプがあり、機器内配線、屋内・短距離の機器間接続など幅広く利用されています。一般的に、シングルモード光ファイバは黄色、GI型光ファイバは薄緑色の被覆が用いられています。

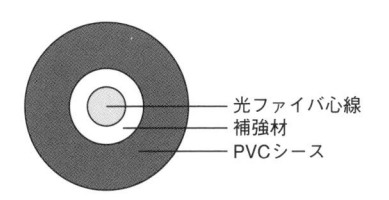

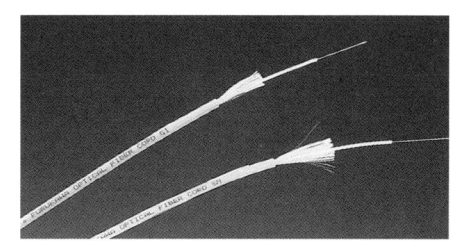

図3-28　光ファイバコード

> 光ファイバコードは、心線の状態よりも強度は備えているが、次のことは絶対に行わないこと。
> - 結び目をつくる、許容半径以下の曲げ（特に、終端付近）
> - 挟みこみ
> - 上に物を置く
> - 引っ張り
> - ねじれ

● 光ケーブル

　多数の光ファイバ心線を集合し、テンションメンバ、保護層、シースによりケーブル化したものを光ケーブルと呼びます。

技術解説（テンションメンバ）

　光ファイバの破断強度は約7 kgです。従って、光ファイバケーブルの他の構成材料との伸び率を比較すると光ファイバのそれは非常に小さく、張力がかかると残留張力が発生し、光ファイバの破断がおこる可能性があります。光ケーブルに加わる張力が、直接、光ファイバ心線に加わらないように、光ファイバケーブル内にテンションメンバといわれる抗張力体を配置し、張力に対する強度を持たせています。

第3章
光ファイバの分類とその特性

光ケーブルの分類

　光ケーブルは、(1)ケーブルの基本構造、(2)布設環境に対応するためのシース形態、(3)布設工法に対応するための構造、の3つにより分類できます。

● 基本構造による分類

　ここでは、光ケーブルの基本構造による分類法を見ていきます。光ケーブルの基本構造は、光ファイバ心線の種別や集合方法により異なります。

■層撚り型

　層撚り型は、ケーブルの中心にあるテンションメンバのまわりに複数本の光ファイバ心線をそのまま撚って集合したものであり、比較的少心のケーブルに適した構造です。

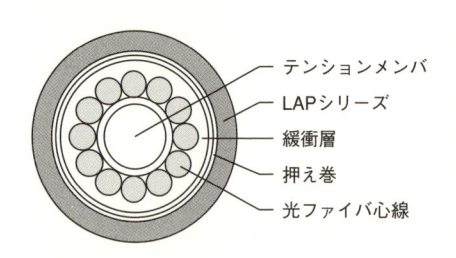

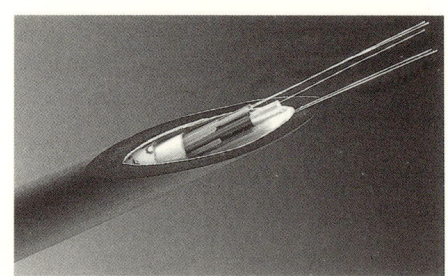

　　　　　　　　　　　テンションメンバ
　　　　　　　　　　　LAPシリーズ
　　　　　　　　　　　緩衝層
　　　　　　　　　　　押え巻
　　　　　　　　　　　光ファイバ心線

図3-29　層撚り型ケーブル

■ユニット型

　一定数の光ファイバをユニットしてまとめ、テンションメンバの周りに同心円上に配置したものです。

　　　　　　　　　　　光ファイバユニット
　　　　　　　　　　　介在ひもまたは通信線
　　　　　　　　　　　押さ巻
　　　　　　　　　　　テンションメンバ
　　　　　　　　　　　LAPシース

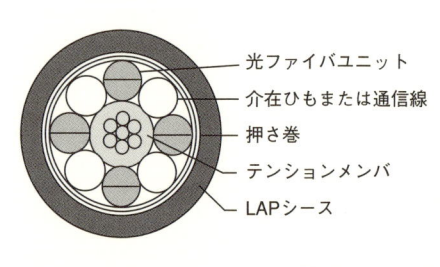

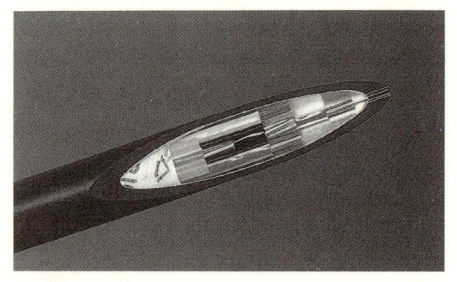

図3-30　ユニット型ケーブル

■テープスロット型

　テープスロット形は、テープ心線をあらかじめ成型した溝型のスロット内に収容したケーブルです。数百心に及ぶ高密度の実装が可能となります。通信用基幹ルートによく使用されています。

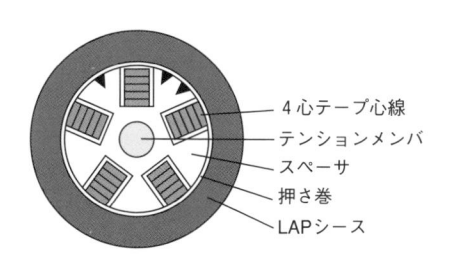

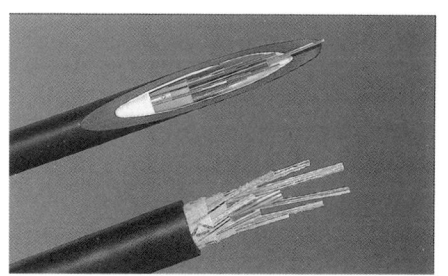

第3章
光ファイバの分類とその特性

図3-31　テープスロット型ケーブル

■コード集合型
　光ファイバコードを束ねて、その外周をシースで保護・補強したケーブルです。

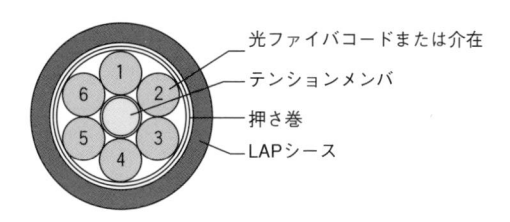

図3-32　コード集合型ケーブル

■SZ型
　スロットの撚り回転方向が1回転毎に反転しているため、任意の位置で容易に光ファイバの取り出しが可能です。SZ撚りを採用している理由は以下のとおりです。
- 架空ケーブル布設後、ケーブルの途中からユーザへドロップするために、ケーブルを切断することなく心線を取り出す必要があるため
- ケーブルの曲げによる応力を分散させ、損傷を防ぐため

　SZ型ケーブルは、加入者への分岐・引き込みが多発するラストワンマイルの線路構築に適しています。

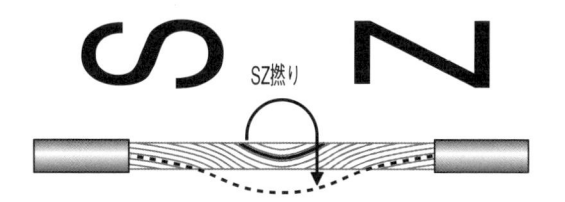

図3-33　SZ型ケーブル

第3章
光ファイバの分類とその特性

> **技術解説（心線の識別法）**
>
> 　心線の識別方法には2種類の方法があり、心線識別の基準となるユニットから加入者方向に向かって時計回りに数えて識別する方法はトレーサ方式と呼ばれます。また、ポリエチレンのような着色が容易な絶縁材料に数種類の色を着色して識別する方法はカラーコード方式と呼ばれます。
> 　スロット内におけるテープ心線の識別にも、カラーコード方式が用いられています。テープ心線の1番線の色によりテープ番号を判別します。
>
> 表3-4　光心線の識別色
>
> | 1 | 2 | 3 | 4 | 5 | 6 | 7 | 8 |
> |---|---|---|---|---|---|---|---|
> | 青 | 黄 | 緑 | 赤 | 紫 | 白 | 茶 | 桃 |

● 布設環境対応による分類

　光ファイバコードやケーブルに用いられる被覆は、様々な外的環境から光ファイバを守るためのものです。被覆にどのような材料を選ぶかは、条件に対する性能とコスト等から決められます。特に、一番外側の被覆はシースと呼ばれ、光ケーブルの耐環境性に大きく影響します。ここでは、主なシースの材料を見ていきます。

■PE（Polyethylene）シース
　屋外の管路、ダクト、とう道及び架空で使用されます。

■LAP（Laminated Aluminum Polyethylene）シース
　屋外用として標準的なタイプであり、LAPシースにより防湿、防水および機械的強度に優れ、さまざまな布設環境に適応できます。このシースは、PE外被の内側にアルミニウム箔を張り付けて防湿効果を高めるとともに、遮蔽効果の改善を図ったものです。

■PVC（Polyvinylchloride）シース
　屋内で使用されるシースです。

■ノンメタリックシース
　送電線などの近くの強電界地域では電磁誘導が問題になるので、金属材料を全く含まないノンメタリックシースが用いられます。

■難燃性シース
　布設環境に難燃性が求められる場合にシース材質を難燃シースとしたものです。

第3章
光ファイバの分類とその特性

■WBシース

押さえ巻に吸水（WB＝Water Blocking）テープを使用し、その上にポリエチレンを被覆したもの。

表3-5　布設環境とケーブル外皮構造

外被構造	屋外				屋内	
	管路	架空	直埋設	強電界	管路	屋内
PEシース	○	○		○		
PVCシース					○	○
LAPシース	○	○	○			
自己支持形		○		○		
ノンメタリック		○		○		
難燃性					○	○

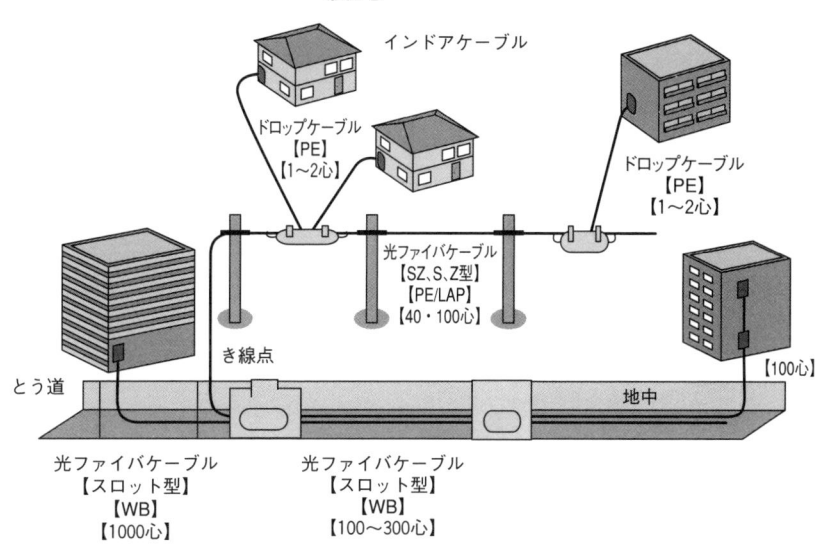

図3-34　布設環境とケーブル構造（例）

● 布設工法による分類

ここでは、光ケーブルの布設工法や、使用目的に応じた分類法を見ていきます。

■ドロップケーブル

光架空ドロップケーブルは、FTTHにおいて、電柱から架空用クロージャを介して用いて一般住宅へ光ファイバを引き込む際に用いられるものです。ケーブル本体のテンションメンバには、メタリックタイプとノンメタリックタイプがあります。メタリックタイプのテンションメンバは、落雷時等のサージ電流を宅内の各種機器まで引き込む可能性があるため、非導電性のFRPを用いたノンメタリックタイプを用いることが一般的です。

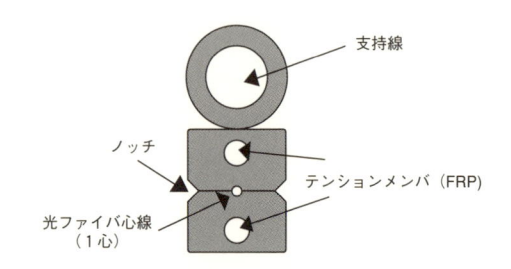

図3-35　ドロップケーブルの構造（1心タイプ）

■インドアケーブル
　光ファイバの宅内及び構内への引き込みに使用されるケーブルで、成端箱からの水平配線で主に用いられます。0.25mm心線を1心または2心、難燃ポリエチレンで被覆した構造となっています。

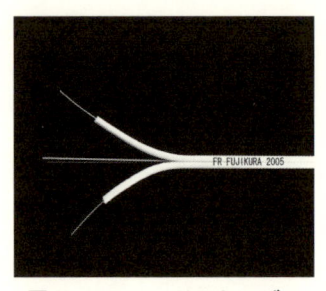

図3-36　インドアケーブル

■丸型ケーブル
　一般的に使用されるケーブル形態で、架空、管路等幅広い布設工法に適用されます。

■自己支持型（架空布設型）ケーブル
　自己支持型ケーブル（SS型：Self Support cable）とも呼ばれ、光ケーブルを架空布設するためのメッセンジヤーワイヤとケーブルが一体構造となっているケーブルです。

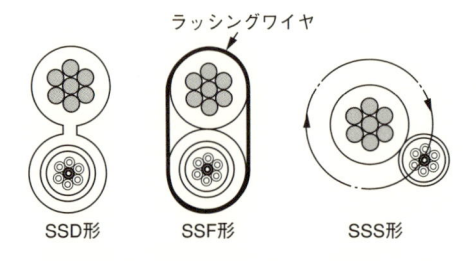

図3-37　自己支持型、SSD型、SSF型ケーブル構造

■**直接埋設型ケーブル**
　光ケーブルを直接埋設するためのものです。

■**MAZE型（波付鋼管外装型）**
　ケーブル本体を波付鋼管で補強したケーブルです。

■**WAZE型（鉄線外装型）**
　海底ケーブルなどに用いられるもので、ケーブル本体に鉄線を撚り合わせて補強したものです。

第4章
光デバイス

第4章
光デバイス

光部品

● マイクロレンズ

光通信に使う光部品は、電気部品と全く異なり独特の性質をもっています。

表4-1 マイクロオプティックスの位置付け

	第1世代	第2世代	第2.5世代	第3世代
光　　　　学	個別分離素子	微小光学	平面光回路	集積光学
関　連　素　子	ガスレーザ フォトマル レンズ、ミラー等	LD、PD 光ファイバ GRINレンズ ファイバ素子	光導波路 ファイバアレイ レンズアレイ 複合ファイバ素子	光集積回路 OEIC PIC
実　装　構　成	バルク組立	個体一体化	ハイブリッド集積	モノリシック集積
電子アナログ	真空管	トランジスタ	プリント回路	IC、LSI

例えば、電気系では全く必要な無い調芯固定技術を必要とします。さらに集束系とコリメート系があり、前者は半導体レーザからの出力光線を光ファイバに効率よく入力するための光学系であり、後者は、光ファイバの途中に光スイッチやアイソレータなどを挿入する際に、光ファイバからの出力光を平行光線として取り出し、素子を通過した後再び光ファイバに戻すとき集束させる機能です。マイクロレンズの形状としては、最も簡単な球レンズから非球面レンズ（通常ガラスモールドで製作される）、さらに最もよく使われる屈折率分布型レンズ（セルフォックレンズ）があります。ここでは、屈折率分布型レンズについて、紹介していきます。

屈折率分布型レンズは、イオン交換法という特別な方法で製作されるがその特徴は、屈折率が中心から周辺に向かって放物線分布状に減少しています。これは、グレーデッド型光ファイバと同じ構造です。この性質をレンズとして使うと以下のようにいろいろなメリットが出てきます。

1) レンズの両端面が平面でよい（研磨加工が楽で、量産性に富む）
2) レンズの長さで、焦点距離が変えられる
3) 光学軸と機械軸が一致する（レンズの外径基準で軸あわせが可能）
4) 結像光線をレンズの中で作れる（光線が空気中に出ないで結像が可能）
5) 異軸入射でもテレセントリック系が確保可能

図4-1に示すように、集束系、平行ビーム系、異軸入射系などいろいろな応用光学系が実現できます。

(i) 平面ロッドレンズ

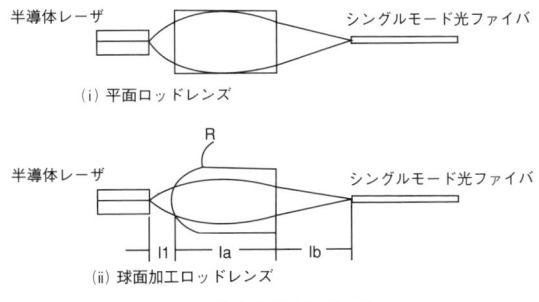

(ii) 球面加工ロッドレンズ

(a) 光源結合系

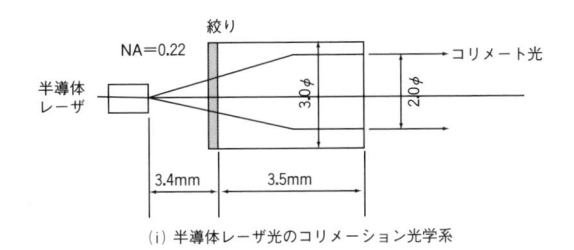

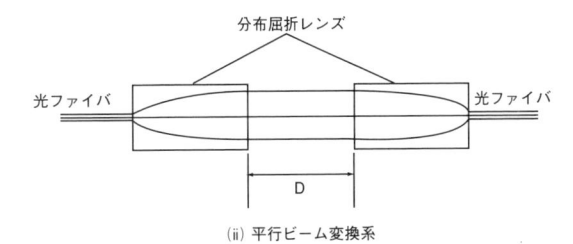

(i) 半導体レーザ光のコリメーション光学系

(ii) 平行ビーム変換系

(b) 平行レンズ対（光素子サンドイッチ型）

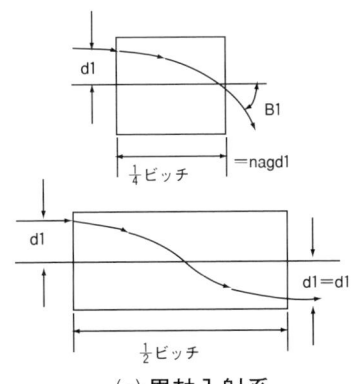

(c) 異軸入射系

第4章
光デバイス

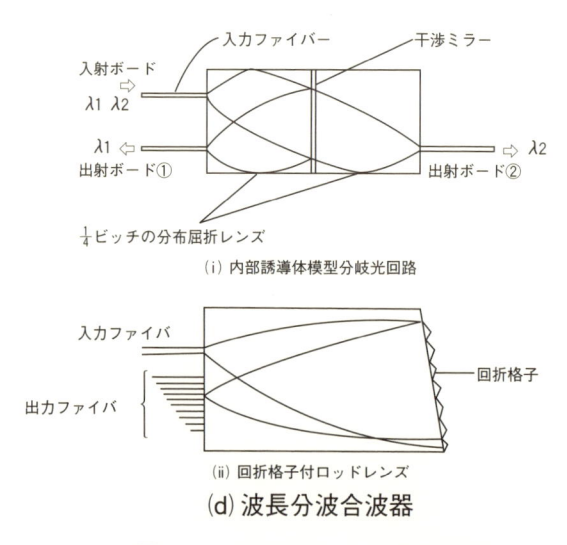

(i) 内部誘導体模型分岐光回路

(ii) 回折格子付ロッドレンズ

(d) 波長分波合波器

図4-1　マイクロレンズ応用光学系

● 光フィルタ

　波長多重通信システムにおいては、各波長に乗せた信号をまとめて光ファイバに挿入されて伝送された後、所定の波長を取り出す必要があります。その時、所定の波長の信号を取り出すためには狭帯域フィルタが必要となります。50GHz、すなわち0.4nmの巾の波長を正確に読み取らなければなりません。そのために、誘電体膜を何層にも積層させた光フィルタを必要とします。図4-2に示すように光フィルタは低屈折率および高屈折率誘電体膜を蒸着法やスパッタ法で交互に積層させた多層膜構造を持っています。その特性は、特定の波長を取り出す性質（波長透過率）と透過損失、偏光依存性、温度特性など厳しい仕様を満足させなければなりません。

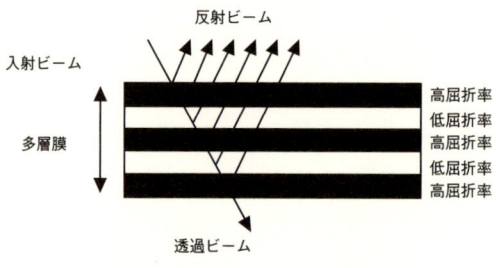

図4-2　光フィルタの構成

第4章
光デバイス

● アイソレータ

　光通信システムでは、一般的に光源として半導体レーザを用いますが、その構造が共振器を構成しているため外から不必要な光が入ってくると雑音が発生します。そのために半導体レーザ光源から出た光が、途中に挿入された光コネクタや光部品の接続点で反射されないよう工夫がされています。接続点において、光ファイバの端面を光軸に対して斜めに研磨加工することが一般的に行われています。さらにアイソレータという光部品を伝送線路上に挿入して反射光を戻さないようにしています。その原理は、図4-3に示すように、入射光線を複屈折結晶で直交2偏波に分割して、それぞれの光線をファラデー素子を通して偏波面を45度回転させます。その結果、非相反素子の特徴である逆方向の偏波面の回転角度が進む性質を利用して戻り光線が互いに直交偏波となって戻らない特性を与えます。これは順方向と逆方向の光伝送効率が1,000倍くらいの違いを生じさせるもので、アイソレーション特性と呼びます。電気回路でいえば、ダイオードと呼ばれるものと同じ性質です。

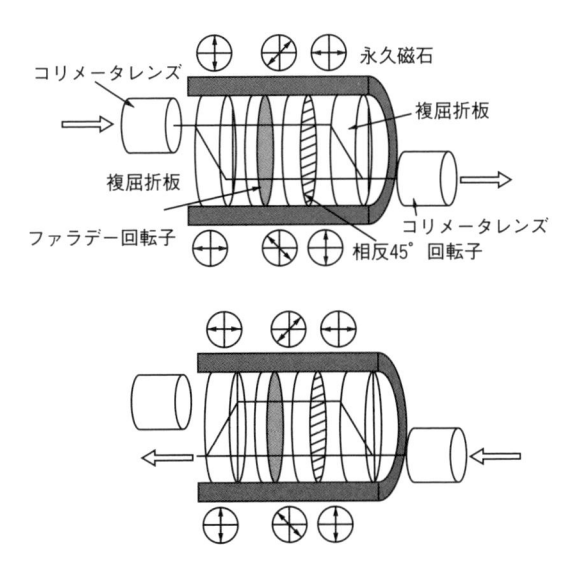

図4-3　アイソレータとサーキュレータ

一方向入力　他端入力が元に戻らない。
　　　　　　出力光を取り出すとサーキュレータとなる。

● サーキュレータ

　アイソレータは、逆方向の光透過を抑制する機能を持っていますが、逆方向の光線を別の端末で取り出す機能を与えれば、サーキュレータとなります。1つの素子で2入力・2出力を実現することになります。

第4章
光デバイス

● 光スイッチ

　光スイッチは、機械的に線路を切り替える方式から電気光学効果を狙った高速のものまで種々の方式が開発実用化されています。最近の技術開発の成果としてMEMS（Micro Electro-Mechanical Systems）と呼ばれるシリコンの微細加工技術を応用した微小光スイッチが出現してきました。これは、微細なミラーを電気的駆動させて光路を変化させる方式でマイクロオプティックスとしては、極めて有望な素子として期待されています。

● 光ファイバ型光部品

　光ファイバは、伝送媒体として優れた特性を有しているのみならず光の制御についても同様に高い機能を有しています。さらに伝送用光ファイバとの接続については、前述したディスクリートな光部品と比べて極めて低い接続損失（融着接続）が実現できます。従って、少し生産性が悪いという欠点があるにもかかわらず広く使われています。代表的なものが分岐・合流素子や偏波の合成・分離素子です。さらに光ファイバのコア中に屈折率の周期的な変化を導入する事により狭帯域フィルタができます。最近盛んに応用されている素子です。

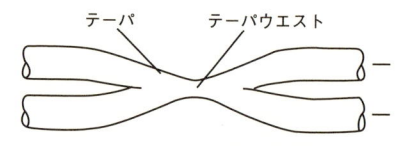

(a) 光ファイバ融着型素子

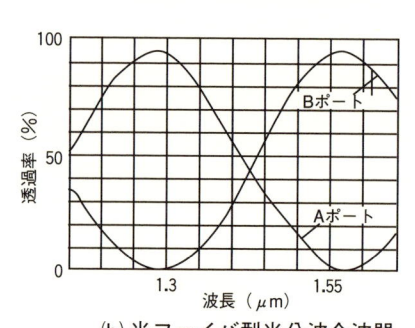

(b) 光ファイバ型光分波合波器

図4-4　光ファイバ型素子

第4章 光デバイス

● 導波路型光部品

　ガラスや石英基板の表面近くに屈折率の高い導波路（光の伝搬する道）をイオン交換法やCVD法で形成させた素子です。特にCVD法は、元来合成法であるため設計通りの導波路構造が実現でき、かつ極めて微細でかつ複雑な設計加工が可能であるため、大規模・複合光回路の製造に使われています。その中でも代表的なものがAWG（Arrowed Waveguide）と呼ばれる素子で、WDMシステムに使われる多波長の一括合波器（Multiplexer）や分波器（Demultiplexer）の製造に寄与しています。現在100波長以上の合・分波が可能であるばかりか、波長間隔も25GHz（0.2nm）まで狭くすることもできます。また平面状であるためその表面上に機能素子を集積化して複合素子を作ることもできます。

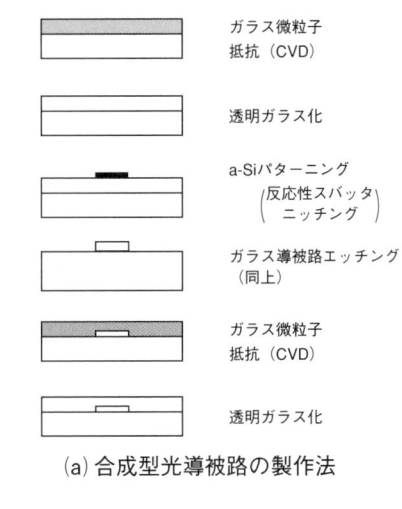

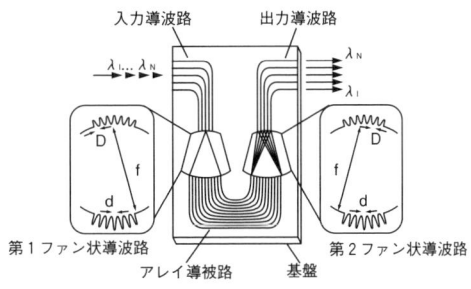

(a) 合成型光導波路の製作法

(b) アレイ導波路格子合分波器の構成

図4-5　光導波型素子

第5章
光ファイバ心線の前処理

第5章
光ファイバ心線の前処理

光ファイバ心線の前処理

　光ファイバ心線の接続を行う場合には、心線の前処理が必要です。前処理とは、(1)外被の除去、(2)被覆の除去、(3)光ファイバの清掃、(4)切断の作業を行うことです。この前処理は、様々な光ファイバ接続法において共通であるとともに非常に重要です。前処理が適正に行われたかどうかは接続の品位を左右します。従って、細心の注意を払うとともに、熟練した技術が必要です。

```
外被除去
  ▼
1次・2次被覆除去
  ▼
光ファイバの清掃
  ▼
切断
```

図5-1　前処理作業の流れ

外被除去

　光ファイバ心線は、その保護等の目的から、心線の周りには何らかの外被が施されています。光ケーブルの場合は、LAPシースなどのシースで保護され、光ファイバコードの場合は緩衝材やPVCシースで保護されています。これらの外被を除去し、心線だけを取り出す作業が外被除去作業です。

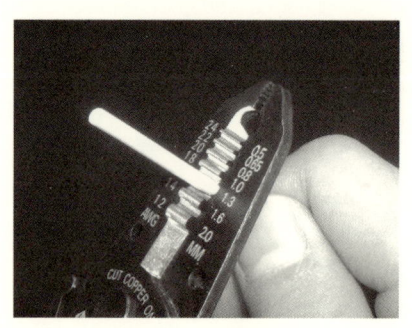

図5-2　外被除去

第5章
光ファイバ心線の前処理

被覆除去

被覆除去作業では、光ファイバの強度確保のために施した（1次・2次）被覆の除去を行います。被覆の外径（0.25／0.9mm）、心線の形態（単心線／テープ心線）により用いる工具が異なるため注意が必要です。

● 単心線（0.25／0.9mm）の場合

ここでは、0.9mm心線（ナイロン心線）や0.25mm心線（UV心線）の被覆除去作業を見ていきます。図5-3のような作業手順で行います。

```
ストリッパの清掃
    ▼
心線の挟み込み
    ▼
被覆除去
```

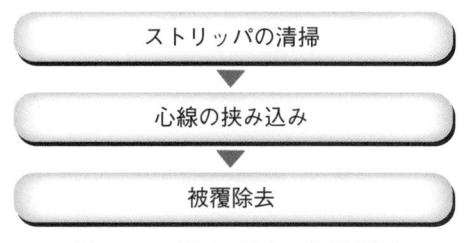

図5-3　被覆の除去の作業手順

【STEP1】光ファイバストリッパの清掃

　光ファイバストリッパの清掃を行います。特に、心線を挟み込む部分（刃がある部分）の清掃を行って下さい。清掃を行う理由は、光ファイバにゴミや傷がつくことを防ぐためです。

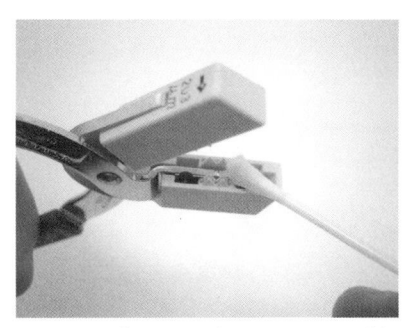

図5-4　光ファイバストリッパの清掃

【STEP2】心線の挟みこみ

　被覆部を光ファイバストリッパで挟み込みます。このときの被覆除去長は約30mmです。図5-6（左）の光ファイバストリッパでは、光ファイバストリッパの山部で光ファイバ心線をカチッという音がするまでしっかりと挟み込みます。

【STEP3】被覆の除去

　決められた方向に光ファイバストリッパを動かし、被覆を除去します。こ

第5章
光ファイバ心線の前処理

のときの被覆除去長は約30mmです（図5-5）。

図5-5　被覆除去長

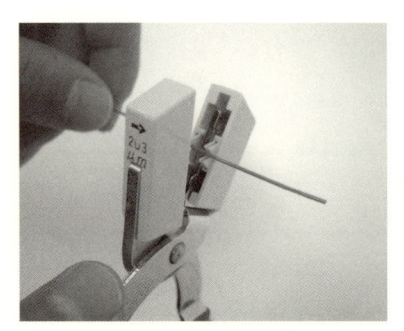

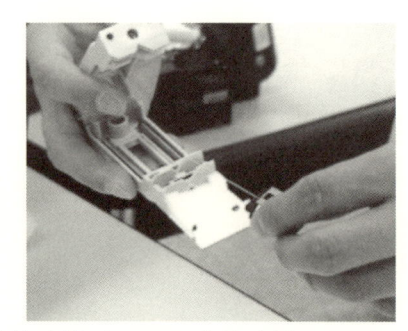

図5-6　被覆除去：0.9mm心線（左）と0.25mm心線（右）

- 光ファイバストリッパの清掃は、毎回行うこと。光ファイバくず等が付着していると光ファイバに傷がつくことがあるためです。
- 光ファイバストリッパを動かす際に、手首のスナップを返さないこと。
- 心線を持っている手で光ファイバを強く曲げないようにすること。
- 融着接続を行う場合には、被覆除去前に熱収縮スリーブを通すこと。

● テープ心線の場合

　テープ心線の被覆除去作業では、ホットジャケットストリッパ（図5-7）を使用します。ホットジャケットストリッパは、上下2枚の刃と、光ファイバテープ心線に熱を加えることで、UV樹脂を除去するものです。ホットジャケットストリッパを用いる際には、あらかじめ光ファイバ心線を光ファイバホルダへセットする必要があります。ホルダは、光ファイバの心線数や被覆径により専用のものを用います。

第5章
光ファイバ心線の前処理

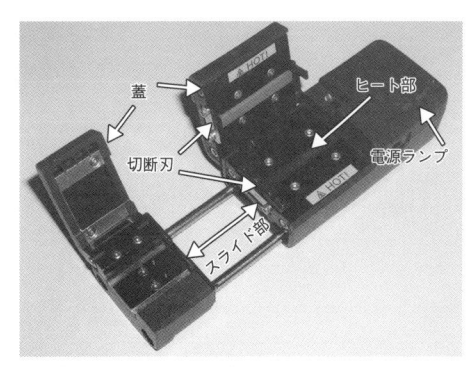

図5-7　ホットジャケットストリッパ

図5-8　光ファイバホルダ

表5-1　光ファイバホルダの名称と用途（例）

ホルダ名称	心線数	被覆形態
SM4	4	テープ
09	1	ナイロン
025	1	UV

　ここでは、テープ心線の被覆除去作業を見ていきます。図5-9のような作業手順で行います。

ストリッパ電源ON
↓
ストリッパ清掃
↓
ホルダへのセット
↓
被覆除去

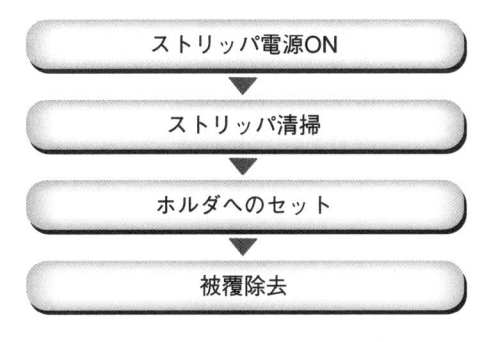

図5-9　テープ心線の被覆除去作業手順

第5章
光ファイバ心線の前処理

【STEP 1】ホットジャケットストリッパの電源投入
　ヒータ部が暖まるまで多少時間がかかるので、被覆除去を行う前にあらかじめホットジャケットストリッパの電源を投入します。

【STEP 2】ホットジャケットストリッパの清掃
　ホットジャケットストリッパの上下刃とヒータ表面、シリコンゴム部を清掃します。

【STEP 3】ホルダへのセット
　被覆除去を行う心線に対応した光ファイバホルダに光ファイバ心線をセットします。

【STEP 4】被覆除去
　ホットジャケットストリッパに、光ファイバ心線を把持したホルダをセットします。そして、ストリッパの蓋を閉め、被覆に刃でキズをつけると同時に被覆を暖め、所定の方向に引っ張ることで被覆を除去します。

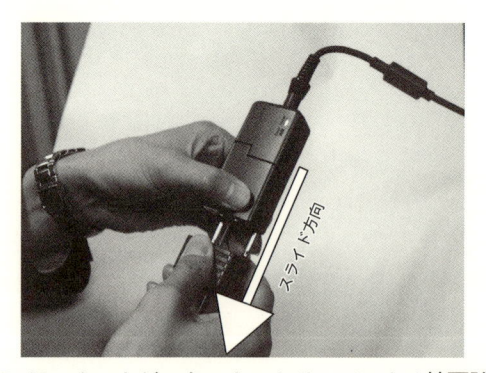

図5-10　ホットジャケットストリッパによる被覆除去

■光ファイバホルダへの心線のセット
　光ファイバ心線の光ファイバホルダへのセットは、光ファイバホルダの型名が読み取れる向きにホルダを持ち、心線をセットします。単心線の場合には、図5-11のように心線の被覆除去際をホルダの凸部に合わせます。

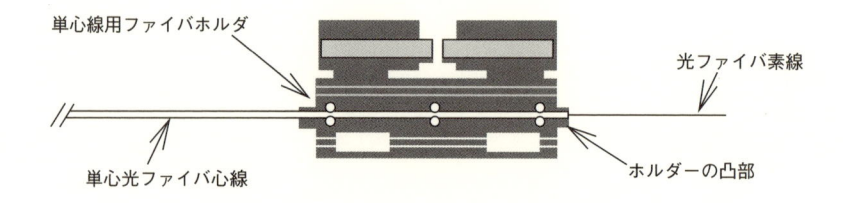

図5-11　単心線のホルダへの合わせ位置

> ナイロン心線では曲がり癖がついている場合があるので、図5-12のようにその癖を押さえ込むようにセットすること。曲がり癖がひどい場合には、被覆に熱を与えて癖を取ります。 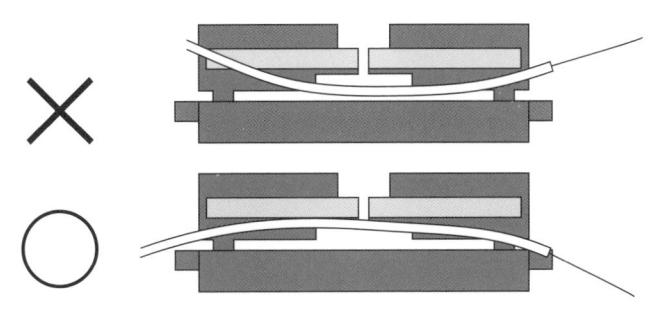
>
> 図5-12　単心線のホルダへのセット時の注意

光ファイバの清掃

　一次被覆であるシリコン層は被覆除去の際に大部分が除去されますが、多少除去されずに残る部分があります（二次被覆除去後、光ファイバの表面に見えるゴミのようなものがそうです）。光ファイバの清掃は、この部分の清掃を行う作業です。清掃が不完全であると接続に大きな影響を与えるため、適切に行う必要があります。

　光ファイバの清掃作業は、エタノールを含んだワイプ紙などで「キュ」という音を鳴らしながら行います。

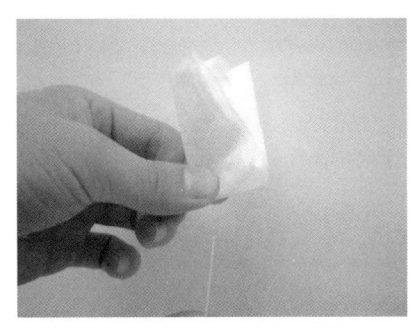

図5-13　光ファイバの清掃

第5章
光ファイバ心線の前処理

- ワイプ紙はきれいに折りたたみ、エタノールを適度につけること。
- 光ファイバを回しながら表面全体を清掃すること。
- テープ心線にアルコールが付着すると束状になるため、そのまま清掃を続けると光ファイバが折れやすくなります。図5-14のように光ファイバ先端をはじいて、光ファイバをばらしながら清掃を行うこと。
- 光ファイバが折れてしまう場合があるので、手などに刺さらないよう注意すること。

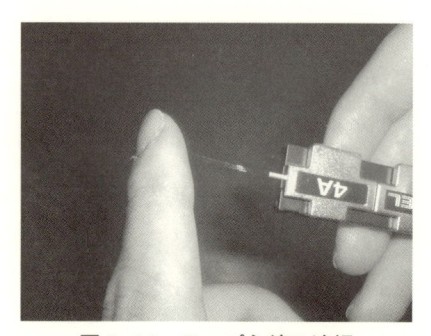

図5-14　テープ心線の清掃

切断

　光ファイバの切断作業は、光ファイバの接続時に必要な長さを確保するとともに、良好な端面を得るために最も重要な作業です。光ファイバの切断には、光ファイバカッタを用います（図5-15）。この光ファイバカッタは、光ファイバの表面に微細な傷をつけ、この部分を曲げの頂点として曲げることで、傷の先端に引張応力を付加し、光ファイバを切断させ光軸に直角な鏡面を得る（図5-19）応力破断法を採用しています（図5-18）。このときの端面の状態が接続損失に重大な影響を与えるため、細心の注意をもって作業することが必要です。切断面に生じる欠陥として、端面のかけ、バリ及び傾斜があります。
　ここでは、光ファイバの切断作業を見ていきます。光ファイバの切断は、図5-16の作業手順で行います。

第 5 章
光ファイバ心線の前処理

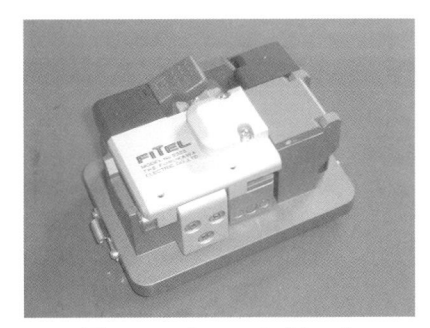

図 5-15　光ファイバカッタ

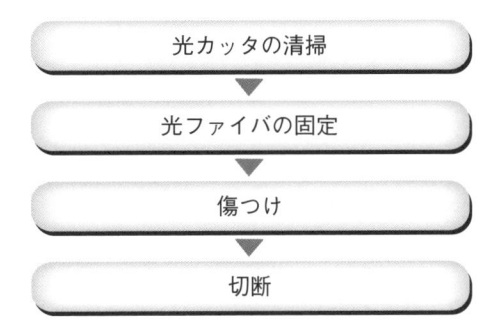

図 5-16　光ファイバの切断手順

【STEP 1】光ファイバカッタの清掃
　光ファイバカッタの清掃を行います。

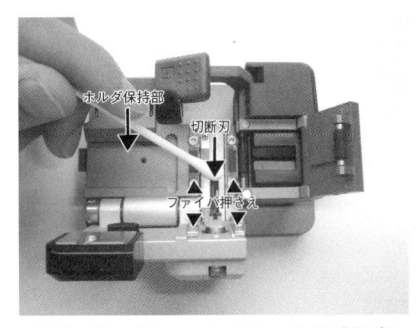

図 5-17　光ファイバカッタの清掃部

【STEP 2】光ファイバの固定
　光ファイバを固定します（図 5-18(a)）。

【STEP 3】光ファイバへの切り傷付け
　光ファイバに対して直交する方向に進む円形刃を用いて、光ファイバの側面にキズをつけます（図 5-18(b)）。

第5章
光ファイバ心線の前処理

【STEP 4】切断

光ファイバに曲げを加え、切断します（図5-18(c)）。

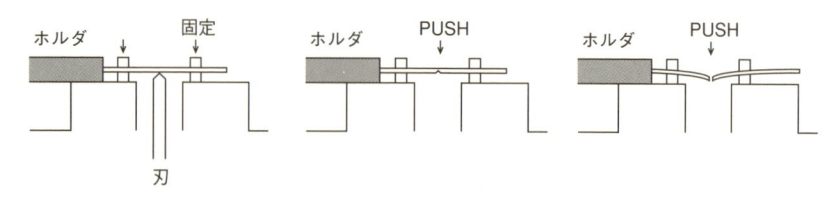

(a) step 1　　　(b) step 2　　　(c) step 3

図5-18　光ファイバカッタによる切断原理（応力破断法）

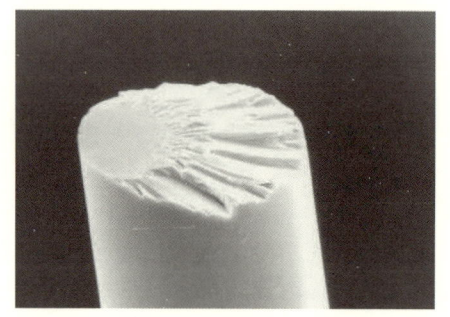

(a) 光カッタを用いない場合　　　(b) 光カッタを用いた場合

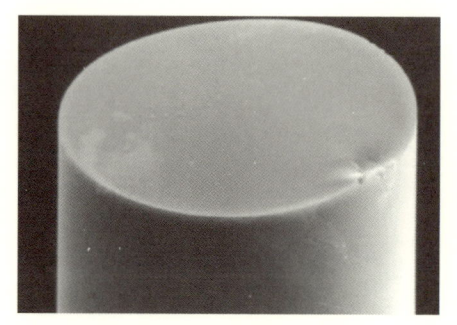

図5-19　光ファイバの切断面

- 切断前に必ず光ファイバカッタの清掃を行うこと。
- 光ファイバをセットする際に、光ファイバが曲がっている場合にはセットし直すこと。
- 光ファイバ切断くずは手で触らずテープ等にくるみ、捨てること。

第 5 章
光ファイバ心線の前処理

光ファイバの前処理に必要な工具等

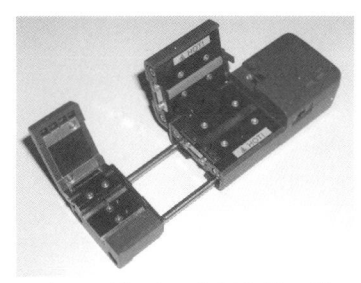

ホットジャケットストリッパ
テープ心線の被覆除去に用います。

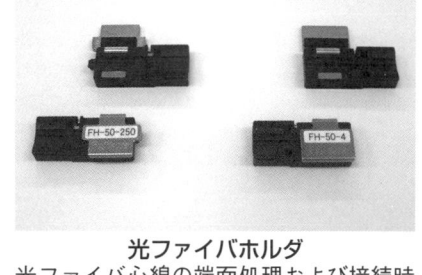

光ファイバホルダ
光ファイバ心線の端面処理および接続時に光ファイバを保持します。

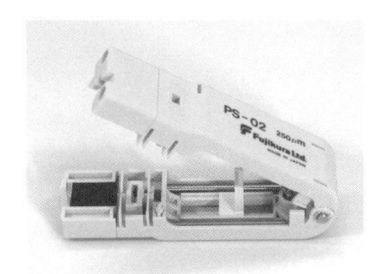

メカニカル光ファイバストリッパ
主に0.25mm心線の被覆を除去する際に用います。

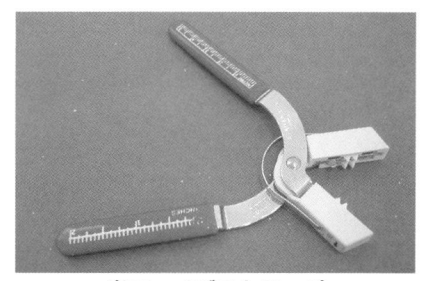

光ファイバストリッパ
光ファイバ心線の被覆を除去するための専用工具です。

光ファイバカッタ
高精度な切断をワンタッチで行うことができる光ファイバ専用カッタです。

綿棒・アルコール・ワイプ紙
ストリッパやカッタ、融着接続機のV溝など、光ファイバが接触する部分の清掃をするときに使用します。

第 5 章
光ファイバ心線の前処理

光ファイバの前処理作業手順（0.25mmUV心線の場合）　　　　　　　　　　　　　　1/1

手　順	作業内容	
メカニカル光ファイバストリッパの清掃	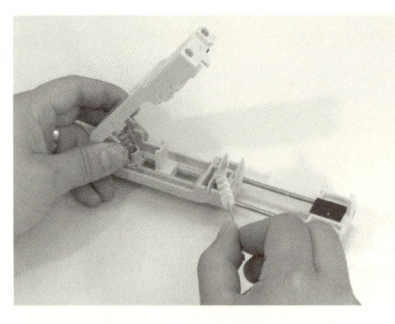	専用ブラシや綿棒で被覆除去刃周囲の清掃を行います。 ❗ 光ファイバストリッパを使用する前は、毎回必ず清掃してください。 ❗ 息で吹いたり、水を付けたりすると刃が錆びる原因となります。
心線の挟み込み	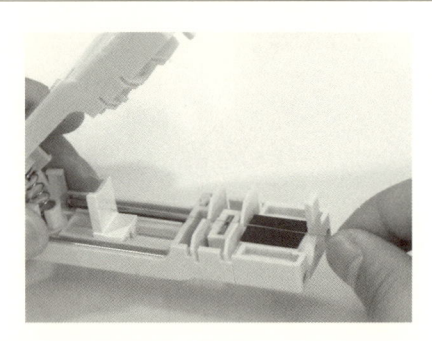	V溝構造のファイバガイドに沿わすように進め、光ファイバの先端から約30mmの位置で被覆を挟み込みます。
被覆の除去		本体全体と被覆把持部をしっかり押さえて→方向に引っ張り、被覆を除去します。 ❗ 光ファイバストリッパに残った被覆クズは毎回処理します。
光ファイバの清掃	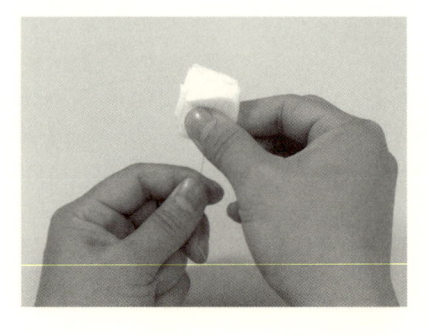	ワイプ紙やガーゼ等を折りたたんで、無水エタノールを含ませます。 ▼ ストリップした光ファイバに残った被覆の残りカスを下から上に向けてまっすぐ拭き取ります。その際、キュキュと音が出るくらいしっかり挟み込んでください。 ▼ 光ファイバ表面に汚れのこりが無いことを確認してください。 ▼ ❗ 光ファイバが折れることがあるので、注意してください。

第5章
光ファイバ心線の前処理

光ファイバの前処理作業手順（0.9mmナイロン心線の場合） 1/1

手　順	作業内容

光ファイバストリッパの清掃

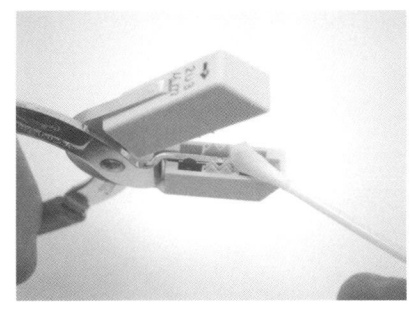

綿棒に無水エタノールをつけ、光ファイバストリッパの清掃を行います。

- 光ファイバストリッパを使用する前は、毎回必ず清掃してください。

心線の挟み込み

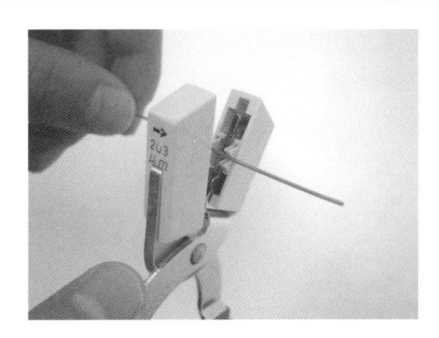

光ファイバの先端から約30mmの位置で被覆を挟み込みます。

被覆の除去

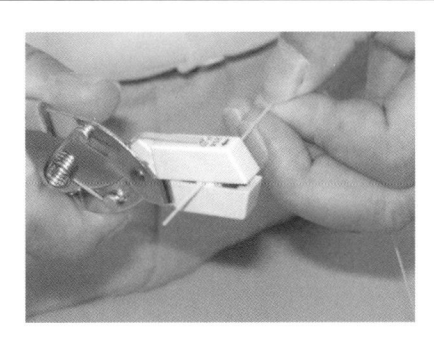

光ストリッパを矢印の方向に引き、被覆を除去します。

- 光ファイバストリッパを真っ直ぐに引くこと。光ファイバが折れる原因となります。

光ファイバの清掃

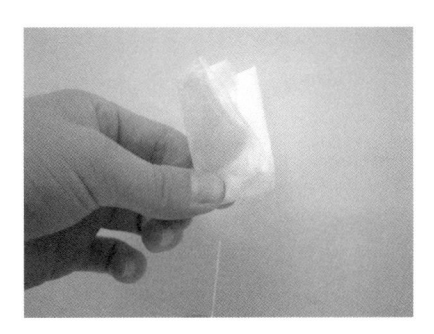

ワイプ紙等を折りたたんで、無水エタノールをつけます。
▼
ストリップした光ファイバ部分のシリコン被覆のカスを、下から上に向けてまっすぐ拭きとります。その際、キュキュと音が出るように拭いてください。
▼
ファイバにゴミ等の汚れがないか確認します。

- 光ファイバが折れることがあるので、注意すること。
- 折れた場合には、折れた片を探しテープ等でくるんだうえで捨てること。

第5章
光ファイバ心線の前処理

光ファイバの前処理作業手順（テープ心線の場合） 1/2

手　順	作業内容
ホットジャケットストリッパの電源投入	 ホットジャケットストリッパの電源を投入します。
ストリッパの清掃	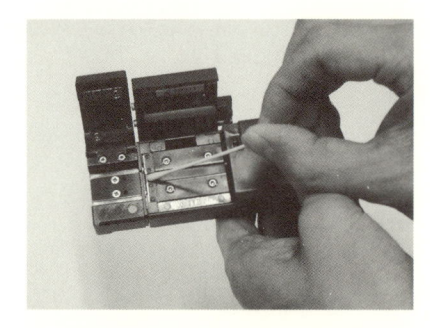 ホットジャケットストリッパの必要箇所を清掃します。
ホルダへのセット	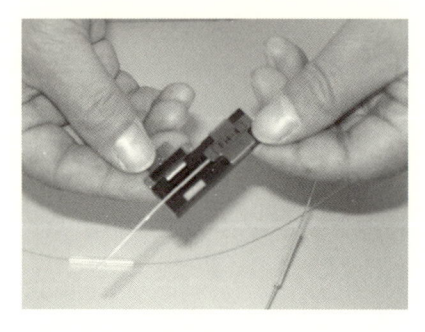 目的とする心線に対応したホルダに光ファイバ心線をセットします。
ストリッパへのセット	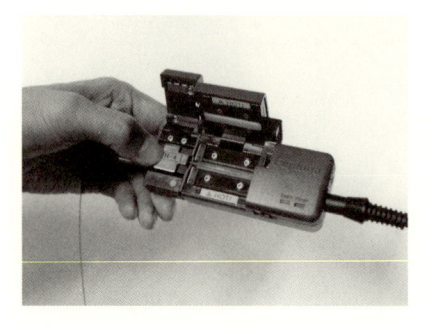 ホルダ台にホルダをセットし、蓋を閉めます。 ❗ ファイバの先端が所定の領域内に入っていることを確認すること。

第5章
光ファイバ心線の前処理

光ファイバの前処理作業手順（テープ心線の場合） 2/2

手順	作業内容		
被覆除去			本体のPUSH部を強く押さえ、5秒程度待ちます。 ▼ PUSH部を押さえた状態で、ホルダ台をゆっくり引っ張ります。 ▼ 蓋を開き、ファイバホルダを取り出します。 ▼ ヒータに残った被覆を爪楊枝等で取り除きます。 ❶ ジャケットストリッパは手で持って作業すること。 ❶ ヒータ部は熱くなっていますので、ヒータに触れないよう注意してください。
テープ心線の清掃			アルコールを含ませたワイプ紙で光ファイバを清掃します。 ▼ このとき、ファイバを前後にゆっくりとたわませ、ファイバに傷などがないことを確認します。 ❶ ファイバの先端がアルコールの付着により束になることがあります。そのままクリーニングを行うとファイバが折れやすくなりますので、先端を指で払いファイバをばらけさせてください。

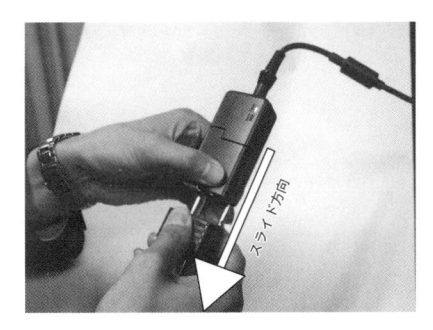

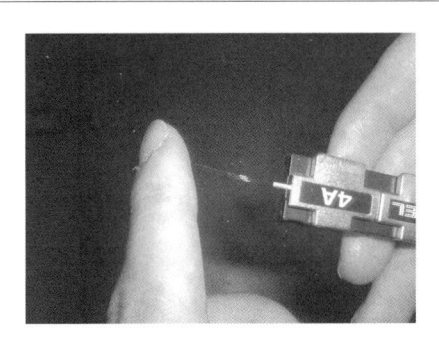

MEMO

第 5 章
光ファイバ心線の前処理

光ファイバの切断作業手順　　　　　　　　　　　　　　　　　　　　　　1/1

手　順	作業内容	
光ファイバカッタの清掃	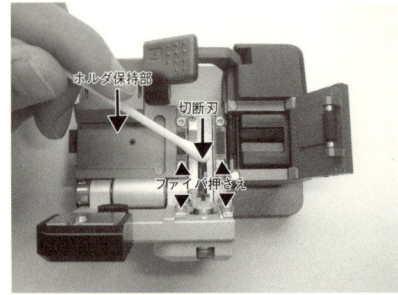	光ファイバカッタの清掃必要箇所を清掃します。 ❶ この時、刃物台を手前側に引いておくこと。
ホルダのセット・切断 1		光ファイバ心線をセットしたホルダを、光ファイバカッタにセットします。 ▼ ①のクランプを閉じます。 ❶ 光ファイバがクランプゴムに対して直角にセットされているか確認すること。
切断 2	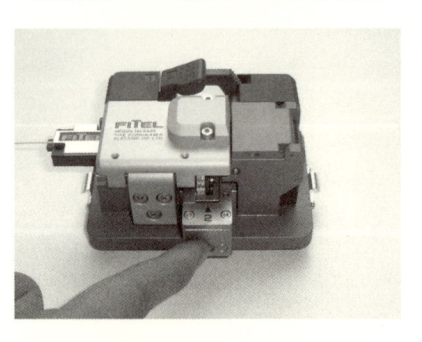	②の刃物台を矢印方向にとまる位置まで静かにスライドさせて光ファイバに傷をつけます。
切断 3		③を押して光ファイバを折ります切断します。 ▼ ④を押してクランプを開き、心線を取り出します。 ❶ 光ファイバカッタ部に残った光ファイバはテープ等で包んで捨てること。

第6章
融着接続技術

第6章
融着接続技術

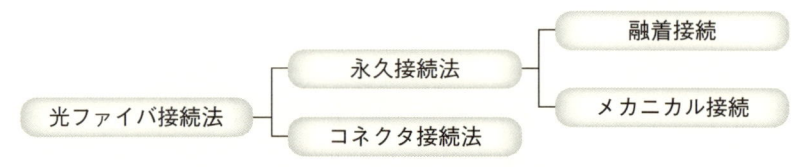

光ファイバの接続法

　光ファイバの接続法は、一度接続すると着脱が不可能な永久接続法と、着脱段可能なコネクタ接続法に分けられます（図6-1）。さらに、永久接続法は融着接続とメカニカル接続に分けられます。
　この中でも融着接続法は、光ファイバ接続技術の中でも非常に高度な技術を用いており、最も低損失で接続することができます。一方、コネクタ接続法は、着脱が容易なことが特徴であり、比較的頻繁に接続替えが行われる可能性のある箇所に使用されますが、融着接続法に比べて接続損失は大きくなります。

図6-1　光ファイバの接続法

● 融着接続の適用箇所

　融着接続は低損失な接続が可能であるため、図6-2のように長距離線路の接続点で主に用いられています

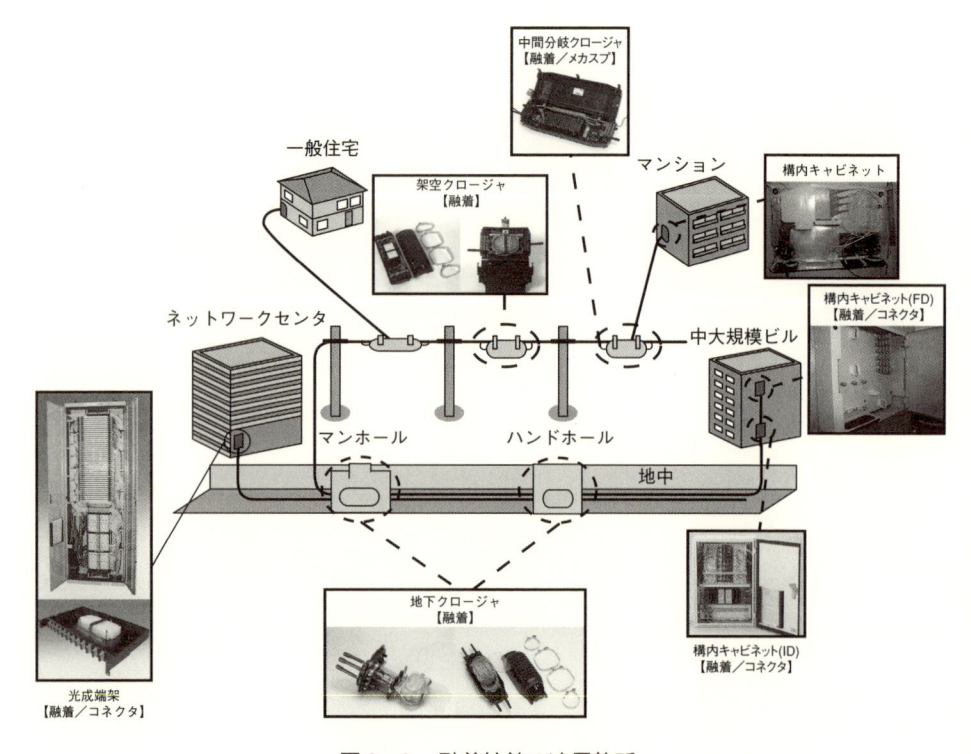

図6-2　融着接続の適用箇所

第 6 章
融着接続技術

融着機の概要

　　光ファイバの融着接続には、図6-3のような融着接続機を用います。融着接続機にはその用途や仕組みにより、様々なタイプがあります（図6-4）。図6-5によると融着接続機を用いた光ファイバの接続損失は、平均で0.042dBであり、融着接続法は光ファイバの接続法の中で最も低損失で信頼性の高い方法です。

図6-3　融着接続機（㈱フジクラ）

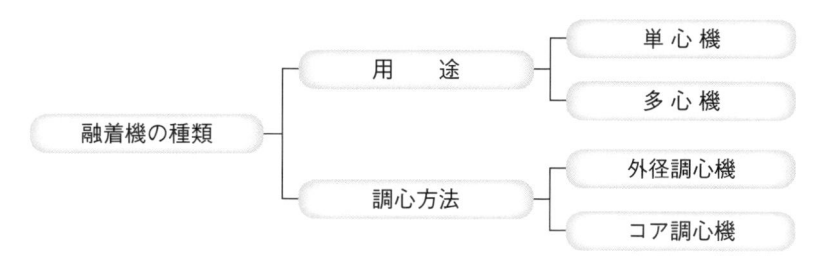

図6-4　融着機の種類

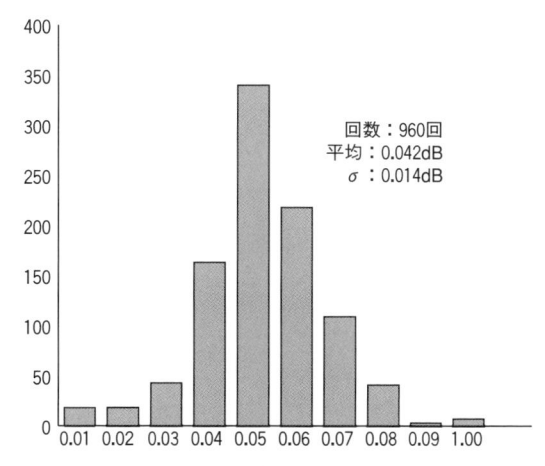

融着機の種類
- 用　途
  - 単心機
  - 多心機
- 調心方法
  - 外径調心機
  - コア調心機

回数：960回
平均：0.042dB
σ：0.014dB

図6-5　接続損失値（参考）

第6章
融着接続技術

融着機の構造

融着接続機は、①放電電極部、②ホルダセット部、③V溝、④ファイバクランプ部、⑤画像処理部、⑥制御部から構成されています。

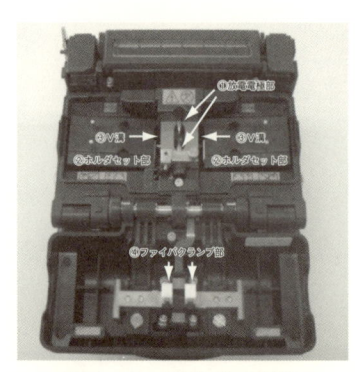

図6-6　融着機の構造

融着接続の原理

融着接続の流れ

融着接続とは、光ファイバ端面の軸合わせをした後に、高電圧アーク放電により光ファイバを溶かして接続する方法です。その流れは図6-7のようになります。

軸合わせ
▼
予加熱
▼
端面検査
▼
放電開始
▼
押し込み
▼
融着

図6-7　融着接続の流れ

【STEP 1】軸合わせ
　　光ファイバ同士の軸合わせをして、一定間隔にセットします。

第6章
融着接続技術

【STEP 2】予加熱
　固定された2本の電極棒間へ高電圧を印可して、光ファイバの先端部のみを加熱し、光ファイバの先端部を整形します。

【STEP 3】端面検査
　光ファイバ端面の検査を行います。切断角、汚れ、軸ずれなどの検査を行い、基準値以下であれば放電開始OKとなります。

【STEP 4】放電開始
　アーク放電により光ファイバの先端部を加熱します。加熱されることで光ファイバは溶融します。

【STEP 5】押し込み
　光ファイバの端面が溶けた状態で、光ファイバを押し込みます。このとき、自己調心作用が働きます。

【STEP 6】融着
　光ファイバが融着されます。

● 単心融着機の仕組み（コア調心法）

　単心融着機は、コア調心法を用いた融着機です。コア調心法とは、光源からの光を光ファイバ内を透過させ、コアとクラッドの屈折率の違いにより生じるコントラストによって、コアの位置を認識させ、軸合わせを行う方法です。この方式ではコア偏心が大きい光ファイバを低損失に接続することがポイントですが、現在では偏心レスの光ファイバ（JIS C 6835：SM型光ファイバの偏心量に準拠）が一般的であり、低損失な接続が可能となっています。
　図6-8のように光源から光ファイバの照射された並行光は、空気〜クラッド、クラッド〜コアの屈折率差により屈折され、粗密分布が生まれます。これにより、コア部が明るい領域として認識できるようになります。この情報をもとに、図6-9のように軸ズレ量を算出し、V溝をX、Y方向に駆動してコア調心を行います。

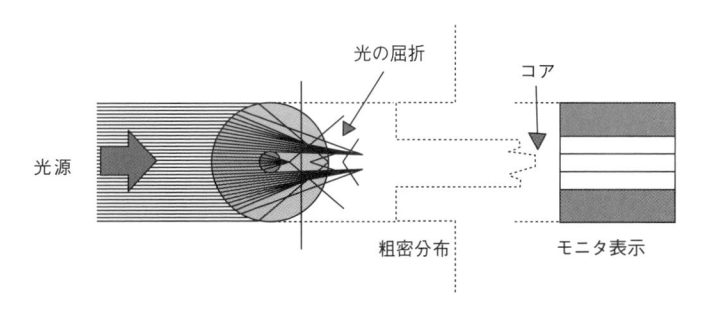

図6-8　単心融着機のコア認識の仕組み

第6章
融着接続技術

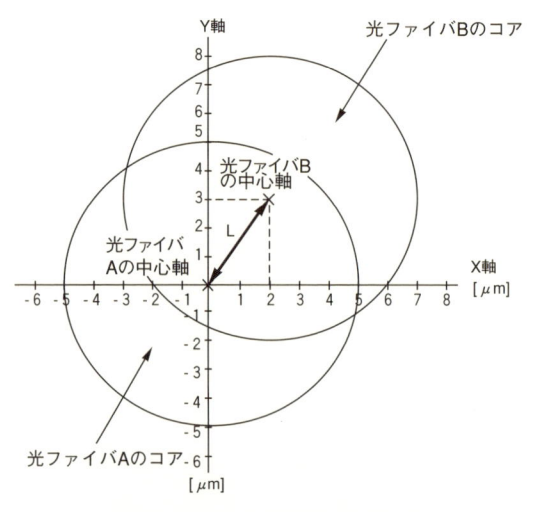

$$軸ずれ量 L = \sqrt{X^2 + Y^2} \ [\mu m]$$

図6-9　軸ズレ量算出の仕組み

技術解説（放電時間と自己調心作用）

　偏心がある光ファイバをコア調心すると、外径がずれた状態になります。一方、放電を開始すると光ファイバは溶融し、表面張力が働くことで外径を調心するのと同じ作用が働きます。従って、コア調心を行う融着機では、長時間の放電はせっかく調心したコアがずれてしまうことになるため、短時間（標準で2秒程度）の放電時間を設定する必要があります。一方、固定V溝方式の融着機では、自己調心作用を利用しているため、コア調心方式よりも長い時間（標準で10秒程度）の放電時間を設定します。

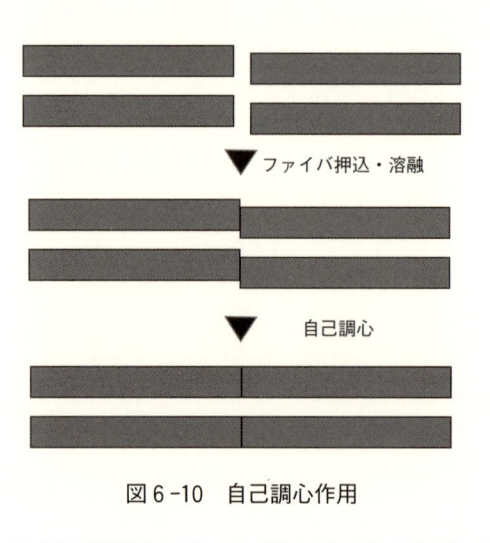

図6-10　自己調心作用

第6章
融着接続技術

■コアの軸ずれによる接続損失値

光の伝搬に関する理論式を近似値として用いて、コアの軸ずれによる接続損失値 Le は次のMarcuseの式で求められます。

$$Le = 4.34 \times \left(\frac{d}{w}\right)^2$$

d＝コア軸ズレ量［μm］、w＝モードフィールド径［μm］

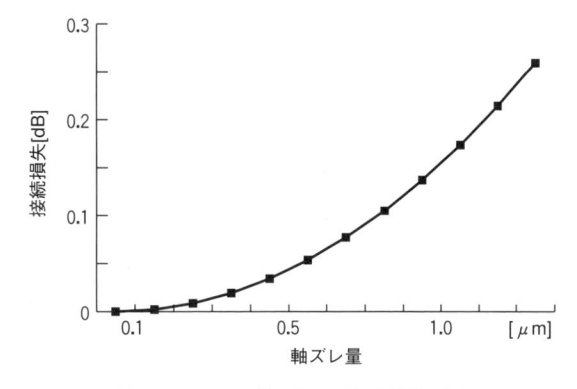

図6-11　コア軸ズレによる接続損失

● 多心融着機の仕組み（外径調心法）

多心融着機では、外径調心法が用いられています。外径調心法は、固定V溝上に光ファイバを整列するだけで、コア調心を行わず、放電により加熱・溶融された光ファイバの表面張力による自己調心作用を最大限利用して軸あわせを行う方法です。この方法は、コアの軸あわせを行わない固定V溝方式ですが、光ファイバの偏心量規格値が向上したため、高精度な接続が可能です。

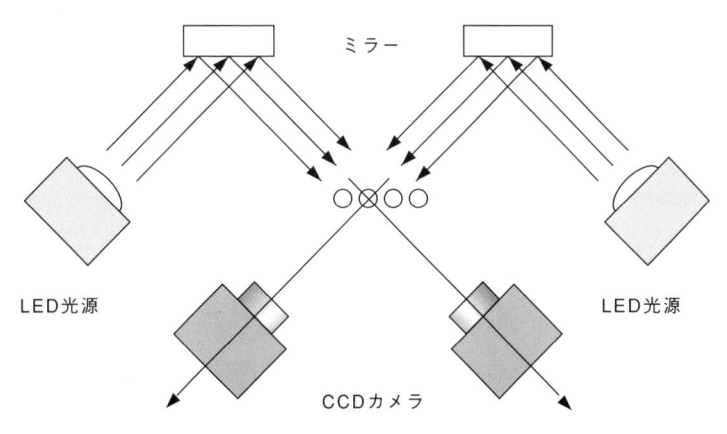

図6-12　多心融着機の光ファイバ観察の仕組み

多心融着機は、V溝部分が固定であるため、駆動モータによるX、Y方向への駆動調心は行わず、Z方向への押し込みだけを行います。このとき、光ファイバ

の自己調心効果を期待して、放電時間を長く設定します。

多心光ファイバを一括接続するためには、すべての光ファイバを均一に加熱する必要があります。このため、多心融着機では電極の中心からわずかにずれた温度分布が均一になる領域に光ファイバが位置するよう設計されています。

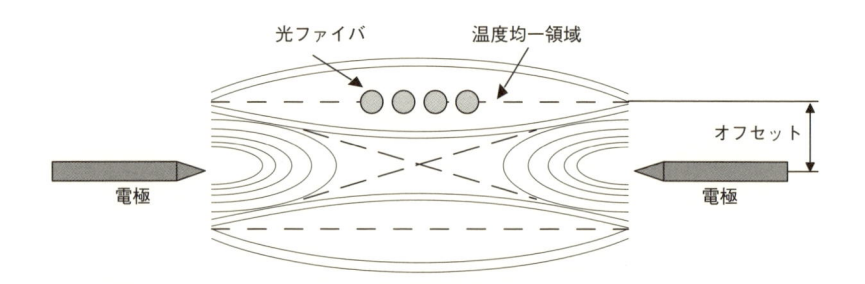

図6-13 放電加熱温度分布

融着接続の手順

ここでは、実際に融着機を用いた融着接続の手順を見ていきます。

融着パラメータの設定
▼
放電検査
▼
融着機の清掃
▼
光ファイバ前処理
▼
融着機へのセット
▼
融着接続
▼
スクーリニング
▼
光ファイバの取り出し
▼
補強

図6-14 融着接続の手順

第6章
融着接続技術

【STEP1】融着パラメータの設定

被融着光ファイバの選択

　光ファイバはその種類ごとにガラスの溶けやすさが異なるため、光ファイバの種類ごとに最適な放電強度があります。また、心線数によっても放電分布が異なるため、被融着光ファイバの種類と心線数を選択する必要があります。

スリーブの長さの選択

　融着接続した光ファイバ心線は、被覆がないために光ファイバ心線よりも強度が低下しており、心線接続部の強度を補強する必要があります。そのために補強材として熱収縮スリーブ（図6-15）が用いられます。ここでは、使用する補強スリーブの長さに合わせてパラメータを選択し、ヒータの設定を適切なものとします。

技術解説（熱収縮スリーブ）

熱収縮スリーブは、次の3つの部材から構成されます。

抗張力体
　ステンレスやガラスセラミックの抗張力体で、引っ張りや曲げに対する補強を行います。

内部樹脂スリーブ
　加熱することで溶融する樹脂で、接続部の保護、抗張力体の接着を行います。

熱収縮外部スリーブ
　内部スリーブを加圧、成形するもので補強部全体の補強を担います。

図6-15　熱収縮スリーブ

表6-1　補強スリーブの種類

スリーブ長	心線形態	補強材
40mm	多心	セラミック材
60mm	単心	ステンレス棒

第6章 融着接続技術

【STEP 2】放電検査

低損失な融着接続を行うためには、適切な放電を行うことがかかせません。このため、放電検査を行い、放電が適切に行われるかどうかを検査・補正を行います。放電検査では、心線の溶け戻った距離や、左右の心線の溶け戻ったバランスを観察して、最適パワー、突き合わせ位置を算出し、補正を行います。

> ⚠ 放電検査は次の場合に必ず行うこと。
> - 製造メーカの違う光ファイバ接続を行うとき。
> - 放電電極の経年変化があるとき。
> - 融着機を使い始めるとき(1日の始めなど)。
>
> (a) メニュー選択　　(b) 検査終了
>
> 図6-16 放電検査

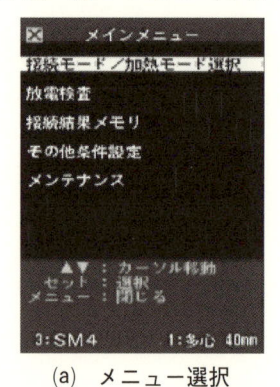

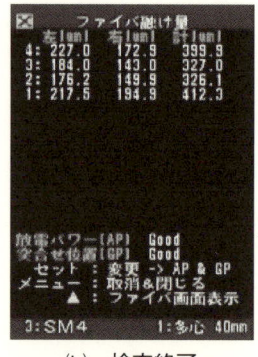

【STEP 3】融着機の清掃

光ファイバを融着機へセットする前に、融着機の以下の箇所の清掃を行います。

光ファイバ

光ファイバにゴミが付着していると、図6-17のように光ファイバ観察時に、ゴミの陰影によって光ファイバに異常があると判断されることがあります。

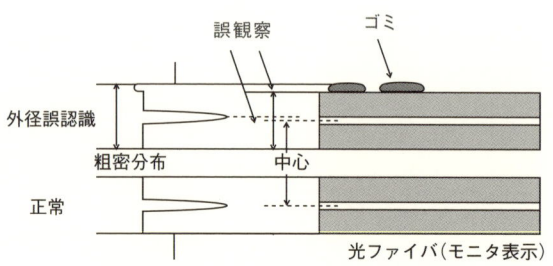

図6-17 ゴミの陰影による誤判断

第6章
融着接続技術

対物レンズ・風防ミラー
　融着機は、画像処理技術によって光ファイバを観察し、軸合わせ等を行います。従って、画像処理に必要な対物レンズ、風防ミラー、照明用LED及びCCDカメラ受光面に汚れがあると画像観察する際に不具合が生じます。

ホルダの清掃
　ホルダにごみ等が付着していると、光ファイバをしっかりと把持・位置だしを正しく行うことができなくなります。

V溝の清掃
　V溝の清掃は光ファイバの軸合せのために特に重要です。アルコールで浸した綿棒などでしっかりと磨いてください。

ファイバクランプ
　ファイバクランプは、高精度に研削されたV溝上にセットされた光ファイバを上部から最適な力で押さえ、光ファイバが押し込みなどの駆動動作時でもV溝に沿って正しく外径調心されるように設計されています。ファイバクランプにゴミが付着していると、ファイバクランプの動きが悪くなったり、光ファイバを押さえる力にムラが生じたり、軸ずれの原因となります。

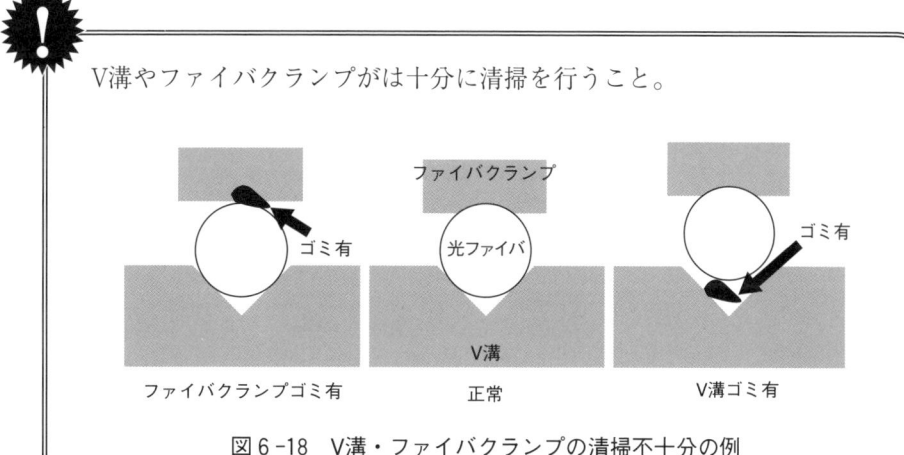

> ⚠ V溝やファイバクランプがは十分に清掃を行うこと。
>
> ファイバクランプゴミ有　　正常　　V溝ゴミ有
>
> 図6-18　V溝・ファイバクランプの清掃不十分の例

> ⚠ 電極棒は磨かないこと。

第 6 章
融着接続技術

【STEP 4】光ファイバ前処理

　光ファイバの前処理（被覆除去、清掃、切断など）を定められた手順に従って行います（第 5 章参照）。

> ⚠ 心線への補強スリーブ挿入を忘れないよう注意すること。また、補強スリーブ挿入前に、被覆の端約1,000mm程度の汚れをふき取ること。補強スリーブ内にごみが引き込まれると施工後の断線事故につながります。

【STEP 5】融着機へのセット

　前処理を行った光ファイバを融着機へセットします。ファイバホルダをホルダ台にセットし、光ファイバをV溝に乗せます。このとき、ファイバホルダの開閉側が手前にあることを確認してください。また、光ファイバをV溝に乗せた段階で、目視により軸ずれがあるかどうかを確認します。

> ⚠ 光ファイバをV溝に乗せるときは、光ファイバ先端をぶつけないように注意すること。ホルダの縁をはじめに融着機へ置き、光ファイバをV溝の上からセットするようにします。V溝上を滑らせないよう注意すること。

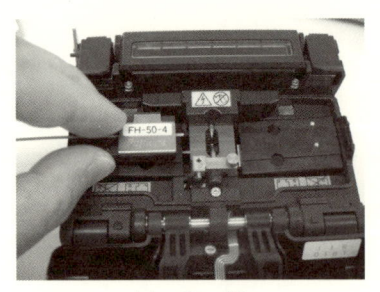

　　　　(a) 良い例　　　　　　　　　(b) 悪い例
　　　　図 6-19　光ファイバのセットの仕方

【STEP 6】融着
融着前検査

　融着前検査として、軸ずれ量、端面角度、端面間隔検査を画像処理により行います。この検査がNGであると融着接続ができません。また、このときの検査値は、接続終了後の接続損失の推定に用いられます。

接続

　放電が開始されると、予加熱を行います。これにより端面が整形され、接触面に気泡が混入されないなど良好な融着が可能です。その後、アーク放電を開始し、光ファイバ溶融、押し込み、調心、接続されます。押し込み時は左右の光ファイバが近づくのではなく、左側の光ファイバのみ$10\mu m$程度（パラメータにより設定）押し込まれます。

推定損失算出

　融着接続が終了した後、画像処理法を用いて推定損失を計算します。このとき算出される損失値は、あくまで推定の損失であり、実際にはOTDR法などにより損失を測定する必要がありますが、融着接続良否判定の一つの目安として用いられます。ANSI/TIA/EIA-568Bでは、最大損失値を0.3dB、平均損失値を0.15dB（いずれもシングルモード光ファイバ）と規定しています。

技術解説（推定損失算出法）

接続損失の発生要因として考えられる、外径中心の軸ずれ量、端面角度、端面間隔及び押し込み時の端面重なり量を融着前検査で算出・記憶します。これらを用いて、推定損失を算出しています。

【STEP 7】スクリーニング

　光ファイバの融着時において傷が発生すると、強度低下の要因となります。それを発見するため、被融着光ファイバに1.96N程度の張力を加えて、引っ張り試験を行います。これにより予め傷などのために弱い部分を発見し切断します。

【STEP 8】光ファイバの取り出し

　融着した光ファイバの両端を取り出します。

光ファイバをたわませると光ファイバが折れる原因となりうるので注意が必要です。

【STEP 9】補強

　接続部の補強のため、熱収縮スリーブを用いて補強を行います。熱収縮スリーブをヒータにセットする際には、補強材が下側にくるようにします。

第6章
融着接続技術

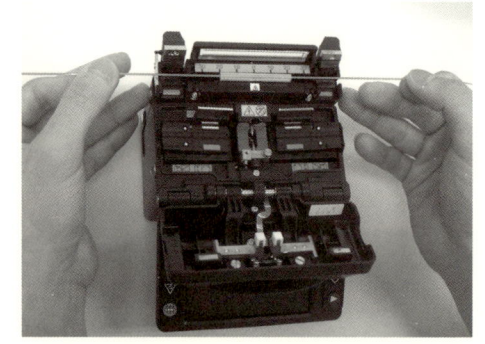

図6-20 スリーブ挿入と補強

補強スリーブの加熱を行う前に次のことを確認する
(1) 心線がねじれていないこと。
(2) 心線がたわんでいないこと。
(3) スリーブが接続点を中心に均等になっていること。
(4) 加熱ヒータの中心に対して均等におかれていること
※単心線の補強加熱では、ねじれの確認が難しいので接続前に被覆際の上部へねじれ防止のマーキングを行うとよい

補強スリーブの加熱は、スリーブ内の気泡の発生を防ぐため、チューブ中央部から、加熱収縮を行います。従って、図6-21のような状態に加熱後のスリーブがなった場合にはやり直しをすること。

図6-21 補強部の不良：正常（上）、不良（下）

第 6 章
融着接続技術

> ヒータ部は熱くなっているので、触れないように注意すること。

融着不良の原因と対策

融着接続時の不良とその原因を表 6-2 にまとめます。不良が生じた場合にはその原因を分析した上で、融着作業をはじめからやり直す必要があります。

表 6-2 光ファイバ融着不良と原因

状態図	接続部の状態	原因	対策
	筋あり	・放電パワー不足	・バッテリーチェック ・電極棒交換
	軸ずれや曲がり	・光ファイバの軸ずれ ・切断面不良	・接続のやり直し
	気泡	・切断面不良 ・端面汚れ ・端面間隔狭い	・接続のやり直し ・光カッタのチェック
	ファイバ端球状	・端面間隔広すぎ ・放電検査モード	・接続のやり直し
	太い	・端面間隔狭い ・ホルダクランプ異常	・接続のやり直し ・ホルダセット法のチェック ・駆動部チェック
	細い	・端面間隔広すぎ ・ホルダクランプ異常	・接続のやり直し ・ホルダセット法のチェック ・駆動部チェック
	接続損失大	・端面汚れ ・切断面不良	・接続のやり直し

第6章
融着接続技術

融着接続に必要な工具等

融着機
光ファイバを融着接続する際に用います。

光ファイバホルダ
光ファイバ心線の端面処理および接続時にファイバを保持します。

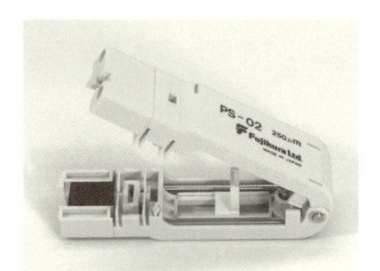

メカニカル光ファイバストリッパ
主に0.25mm心線の被覆を除去する際に用います。

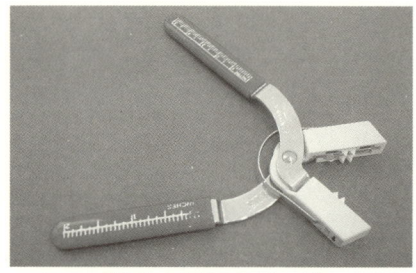

光ファイバストリッパ
光ファイバ心線の被覆を除去するための専用工具です。

光ファイバカッタ
高精度な切断を行うことができる光ファイバ専用カッタです。

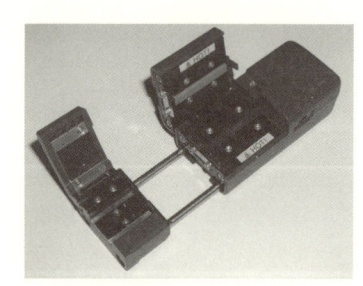

ホットジャケットストリッパ
テープ心線の被覆除去に用います。被覆を加熱し、剥ぎ取る方式です。

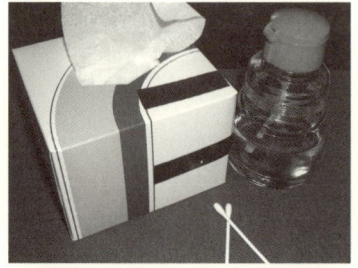

綿棒・アルコール・ワイプ紙
ストリッパやカッタ、融着接続機のV溝など、光ファイバが接触する部分の清掃をするときに使用します。

第 6 章
融着接続技術

融着接続作業手順　1/4

手　順	作業内容	
融着接続のパラメータ設定	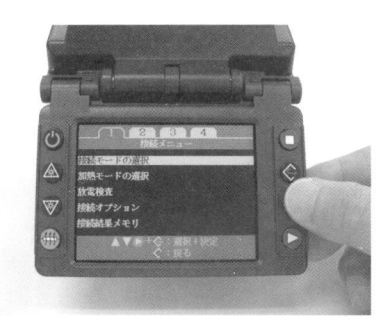	融着する光ファイバのタイプを選択します。 ▼ 補強スリーブの種類を選択します。
放電検査		必要に応じて放電検査を行います。 ▼ 放電条件が適正である場合には、次に進みます。 放電条件が不適切である場合には、パラメータ設定を再確認し、もう一度放電検査を行います。
融着接続機の清掃	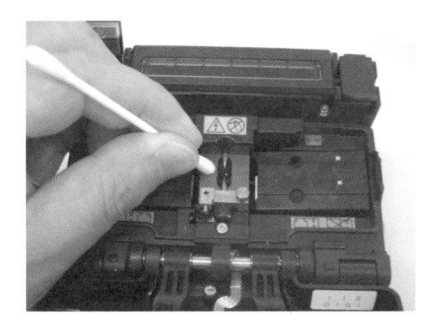	融着接続機の清掃を行います。清掃する場所は、V溝、ファイバクランプ、ミラーなどです。
補強スリーブの挿入		補強スリーブを接続する心線に接続前に挿入します。このとき補強スリーブの内側が汚れないよう心線の端から約1m程度清掃しておきます。 ▼ 心線に補強スリーブを挿入します。

第 6 章
融着接続技術

融着接続作業手順　　　　　　　　　　　　　　　　　　　　　　　　　　　　　　2/4

手　順	作業内容	
光ファイバの前処理	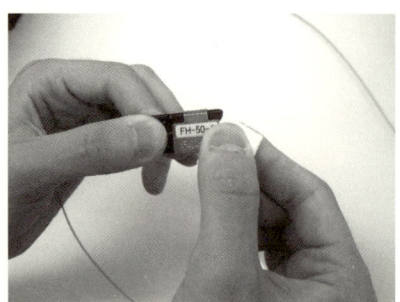	光ファイバの前処理を行います。
融着接続機へのセット	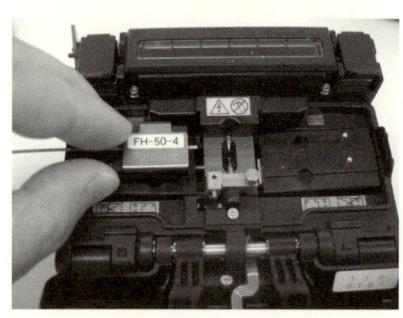	ファイバホルダをホルダセット部へ静かに置きます。 ▼ V溝の上にファイバが整列していることを確認してください。 ❗ 光ファイバの端面をぶつけないよう注意しましょう
融着スタート		❗ 補強スリーブが挿入されていることを確認してください。 風防を閉じます ▼ 融着スタート：セットスイッチを押します。 ▼ 自動的に清掃放電が行われ拭き残しなどの汚れを焼き飛ばします。
融着前検査	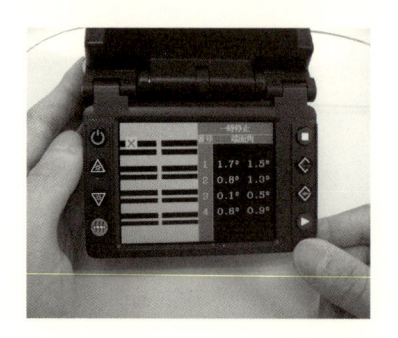	自動的に融着前の検査として、外径中心の軸ズレ量、端面角度、端面間隔、を算出し記憶します。 ▼ 検査結果が設定されている検査規格範囲である場合、適正と判断されます。 ▼ 検査結果が、不適正である場合には、その理由とともにエラー画面が表示されます。

第 6 章
融着接続技術

融着接続作業手順　3/4

手　順	作業内容	
融着	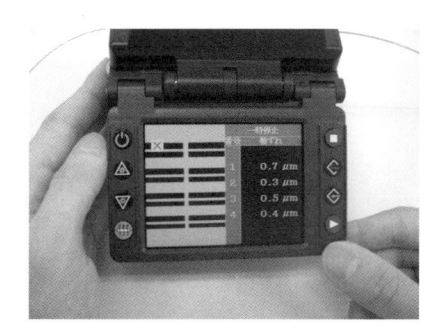	一時停止から再スタート ▼ もう一度、セットスイッチを押します。 ▼ 融着接続が開始され、自動的に放電、光ファイバ押し込みが行われます。
推定損失の算出	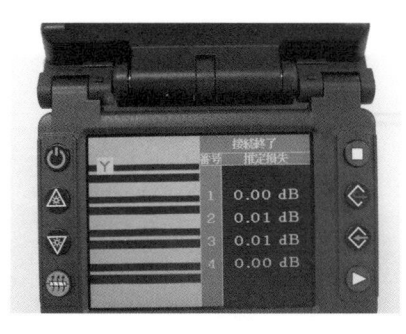	融着接続が終了すると、接続後検査を行い、推定接続損失を自動で算出します。 ▼ 推定接続損失が表示されます。 ▼ 推定接続損失が設定した検査規格より大きい場合には、エラー表示とともに表示されます。
スクリーニング		風防を開けると自動的に光ファイバ接続点の引っ張り強度試験を行います。
補強スリーブのセット	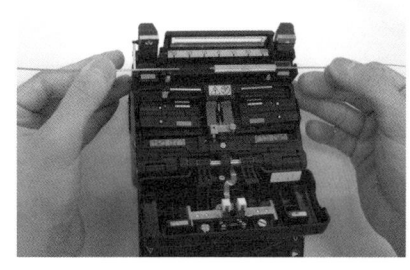	融着接続点を保護するため、補強スリーブを所定の位置にセットします。このとき、補強スリーブが接続点に対して左右均等になると同時に、テンションメンバ（単心は鋼心、多心は、ガラスセラミックス）が光ファイバの下側になるように置きます。 ▼ 補強スリーブがヒータの中心となるように、静かに加熱器の中へセットします。

第6章
融着接続技術

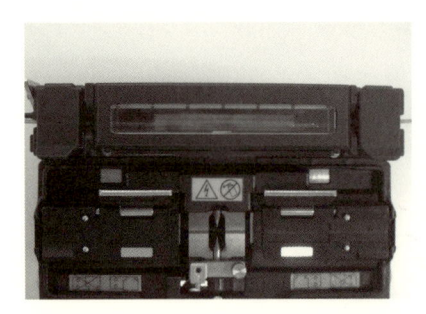

融着接続作業手順　　4/4

手　順	作業内容	
加熱		加熱キーを押します。 ▼ 加熱が開始されます。 ▼ 所定の数十秒経過するとブザーがなり加熱終了を知らせます。 ▼ 補強加熱が終了した接続部を取り出します。 ❶ スリーブは熱くなっているので、やけどしないよう注意してください。 また、熱い状態ということは補強スリーブの樹脂部分が軟化しているということです。接続点近傍に無理な力がかからないよう静かに取り扱ってください。
確認		補強スリーブの状態を確認します。 ▼ 適正であれば、融着接続完了です。 【確認ポイント】 ・光ファイバがねじれていないか ・補強スリーブは、接続点に対して左右均等か ・補強スリーブ内部に気泡が生じていないか ・異物の混入はないか ・内部チューブの加熱は十分か ・外部チューブの収縮は十分か

MEMO

第7章
余長処理技術

第7章
余長処理技術

　　余長処理技術とは、融着接続やコネクタ接続により接続された光ファイバの余長を接続箱等に収納するための技術です。光ファイバの取り扱いの難しさから光ファイバ施工技術の中でも熟練を要する技術です。

余長処理の方法

　　光ファイバを融着接続またはコネクタ接続して、外部からの応力、水、湿気の影響を受けないようにしっかり収納するための接続部品として、接続箱が使用されます。
　　接続箱には、屋外で主に使用されるメカニカルクロージャ、構内で使用される成端箱があります。

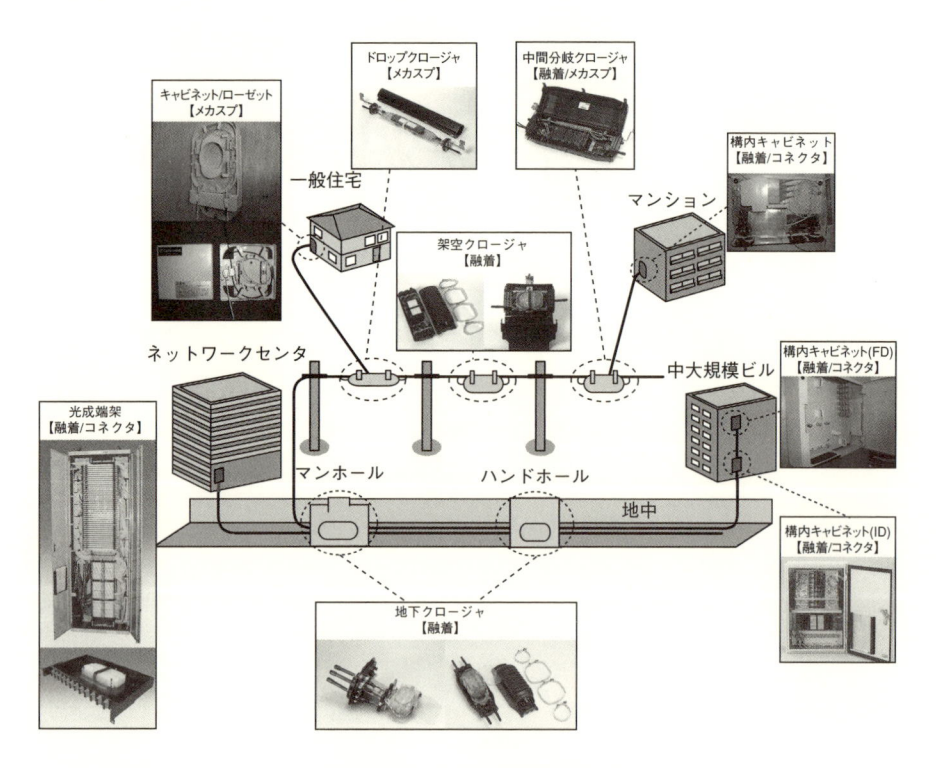

図7-1　光クロージャと成端箱の適用箇所

メカニカルクロージャ

● 光ケーブルの接続法

　　光ファイバ心線の接続時には、(1)被覆除去、切断、接続等の失敗、(2)直接、光ファイバ接続部に加わる張力の除去、(3)分岐等による再接続などの場合を考え、

第7章
余長処理技術

　余長を確保する必要があります。また、光ケーブルは、側圧や浸水による損失の増加が著しいためそれらの外乱から保護するための処理が必要です。このため、余長収納部、外圧からの保護を目的に図に示す接続方法が実用化されています。

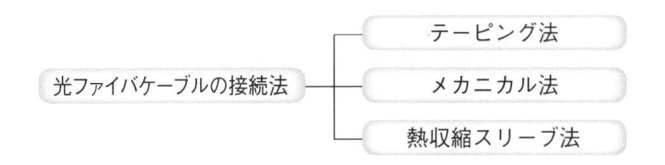

```
                         ┌─ テーピング法
光ファイバケーブルの接続法 ─┼─ メカニカル法
                         └─ 熱収縮スリーブ法
```

図7-2　光ケーブルの接続法

　この中でも、作業性・信頼性・保守性などの条件が優れていることからメカニカル接続法が一般的に用いられており、その接続材料をメカニカルクロージャと呼んでいます。

● **メカニカルクロージャ構造**

　メカニカルクロージャは、標準的に(1)クロージャ本体、(2)ケーブル把持金具、(3)テンションメンバ把持金具、(4)端面板、(5)余長収納トレイ、(6)側圧バルブで構成されています。

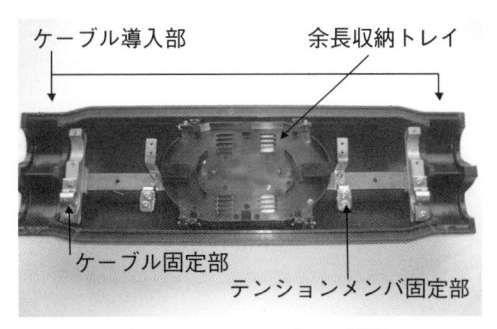

図7-3　クロージャの構造

■**収納トレイ**
　余長を収納するためのトレイには次のような種類があります。
（1）ブック型
　　一般的に用いられているタイプです。
（2）シート型
　　各シートに余長を収納するタイプで、大容量の収納が可能です。
（3）カード型
　　カードごとに独立に作業ができるのが特徴で、作業心線以外には影響を与えることがありません。

第7章 余長処理技術

(a) ブックトレイタイプ　　(b) 引き出しトレイタイプ

(c) シートトレイタイプ　　(d) カードタイプ

図7-4　余長収納トレイの種類

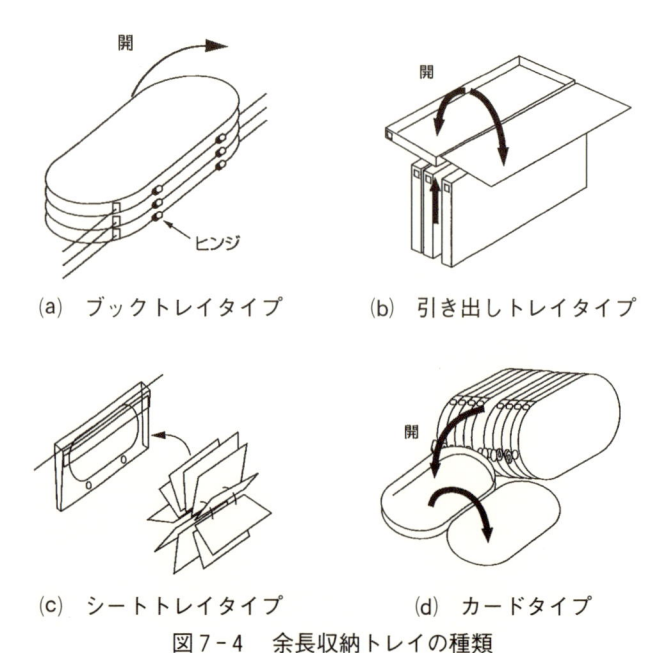

● 光クロージャの種類

　　ここでは、光クロージャを見ていきます。光クロージャはその用途により、架空用、地中管路用、地中埋設用の3種類に分けられます。

■中間後分岐型クロージャ

　　中間分岐クロージャとは、布設されている光ケーブルの心線を切ることなく、分岐したい光ファイバ心線のみを取り出してドロップケーブルなどと接続するためのクロージャです。このクロージャには、スロット切断型とスロット無切断型があります。

第 7 章
余長処理技術

技術解説（光ケーブルの接続形態）

光ケーブルの接続形態には、次のものがあります。

■スロット無切断中間後分岐（π分岐）
　使用しないスロットや心線は切断することなく、クロージャ内を通過させ、分岐する両側の心線を接続する形態です。主光ケーブルは、SZ型を使用します。スロット無切断型は、光ケーブル布設後にどこからでも引き落とすことができるためFTTH配線では有効です。

■スロット無切断中間後分岐（片側分岐）
　使用しないスロットや心線は切断することなく、クロージャ内を通過させ、分岐する片側の心線を接続する形態です。主光ケーブルは、SZ型を使用します。

■直線・分岐接続
　通常の直接接続及び分岐接続をする形態です。

■スロット切断中間後分岐
　スロットのみ切断して、通過する心線は切断せずにクロージャ内を通過させ、分岐する心線のみ切断して接続する方法です。直線・分岐接続と比較して接続工数を削減できます。

■地中用クロージャ
　ハンドホールなどの狭い場所でも収納できるクロージャです。マンホールなどの地中管路に設置されるタイプで、クロージャ用受座により固定されます。浸水対策を十分に行う必要があります。

(a) ケーブル両側導入可能　　　　　　　　　(b) ケーブル片側導入

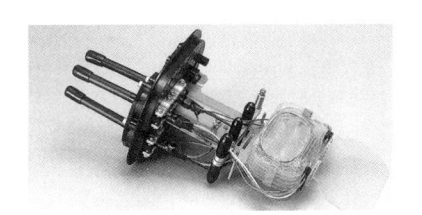

図 7-5　地中用クロージャ

■架空用クロージャ
　架空接続用のクロージャです。地中用としても用いることができます。架空用吊り金具によって吊り下げられるタイプで、一般的に電柱の近くに接続点が設けられます。

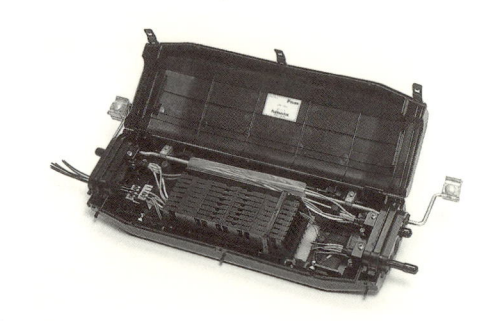

第 7 章
余長処理技術

図7-6　架空用クロージャ

成端箱

● 成端箱の種類

　構内配線での接続には一般的に接続箱を用います。接続箱の中でも成端に使用するものを成端箱と呼んでいます。また、光ファイバケーブルの終端において機器へ接続する単心の光ファイバコードにコネクタ接続するので、多数のコネクタ付きファイバコードに変換するために、成端箱（接続箱）が使用されています。成端箱にはその設置方式、収容心線数により壁掛け型、自立型、BOX型、19インチラックマウント型に分けられます。

(a)　19インチラック搭載タイプ　　(b)　セパレートタイプ　　(c)　小型タイプ

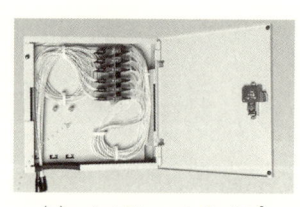

図7-7　成端箱の種類

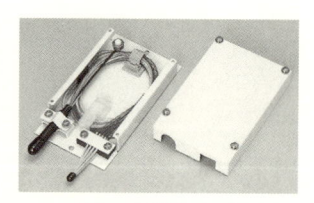

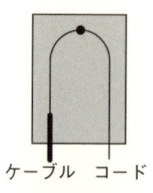

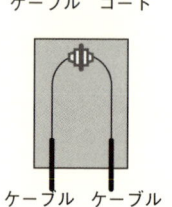

【融着/メカスプ】

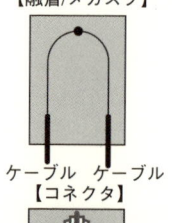

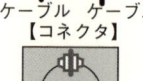

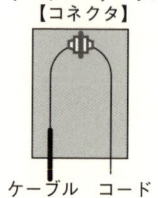

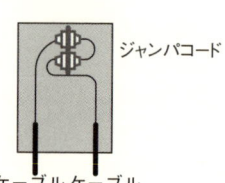

ケーブル　コード　　ケーブル　ケーブル　　ケーブル　コネクタ

【コネクタ】

ケーブル　ケーブル　　ケーブル　コード　　ケーブル　ケーブル
　　　　　　　　　　　　　　　　　　　　　　　ジャンパコード

図7-8　心線の接続形態（成端箱）

第 7 章
余長処理技術

● 成端箱による余長処理手順

成端箱による接続余長処理手順は図7-9にようになります。

```
光ファイバケーブルの挿入
     ▼
  ケーブル口出し
     ▼
 テンションメンバ固定
     ▼
  ケーブル外被把持
     ▼
    接　続
     ▼
導出光ファイバコードの固定
     ▼
 光ファイバコードの導出
```

図7-9　余長処理手順（成端箱の場合）

【STEP1】光ファイバケーブルの導入
　　成端箱内に、防塵カバー等を通して光ファイバケーブルを導入します。

【STEP2】ケーブル口出し
　　必要長に光ファイバケーブルの口出しを行います。

【STEP3】テンションメンバ固定
　　テンションメンバを固定部に挿入し、締め付けます。

【STEP4】ケーブル外被把持
　　ケーブルの外被を成端箱に固定します。

【STEP5】接続
　　導入光ファイバ心線とピグテールコードを融着接続します。また、アダプタにコネクタを接続します。

【STEP6】導出光ファイバコードの固定
　　導出光ファイバコードのコネクタ部をアダプタに接続した後、導出光ファイバコードをインシュロック等で固定します。

第 7 章
余長処理技術

【STEP 7】光ファイバコードの導出
　　　固定された光ファイバコードを導出します。

● 成端処理法

　光ファイバケーブルの成端処理は、ユーザ機器との最終的な接続処理となります。一般的に、ユーザ機器はコネクタによる接続法が用いられており、成端処理においてもコネクタ付きファイバとの接続が必要となります。
　成端処理の方法として、図 7-10に示すように、
(1) 単心線とピグテールコードを融着接続し、アダプタを介して導出コードと接続する方法
(2) 多心線を分離処理した後、ピグテールコードを融着接続し、アダプタを介して導出コードと接続する方法
(3) 多心線とFOコード（Fun Out：扇形）を融着接続し、アダプタを介して導出コードと接続する方法

があります。

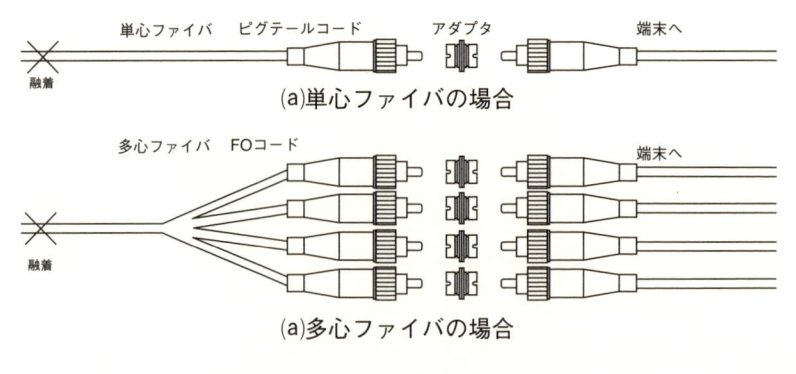

(a)単心ファイバの場合

(a)多心ファイバの場合

図 7-10　成端処理法

ドロップクロージャ組立

　ここでは、ドロップクロージャの組立法を見ていきます。

● 組立手順

　後分岐接続による（スロット無切断）架空クロージャ（FMCO-AH㈱フジクラ）の組立作業の流れは図 7-11のようになります。

第 7 章
余長処理技術

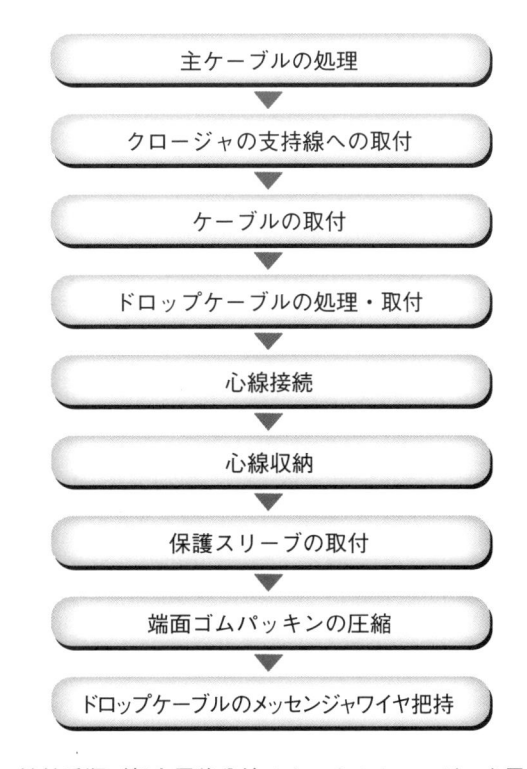

```
主ケーブルの処理
   ▼
クロージャの支持線への取付
   ▼
ケーブルの取付
   ▼
ドロップケーブルの処理・取付
   ▼
心線接続
   ▼
心線収納
   ▼
保護スリーブの取付
   ▼
端面ゴムパッキンの圧縮
   ▼
ドロップケーブルのメッセンジャワイヤ把持
```

図 7-11　接続手順（架空用後分岐メカニカルクロージャを用いた場合）

【STEP 1】シースの研磨・剥ぎ取り
　図 7-12のように、研磨部をサンドペーパで円周方向に研磨し・清掃します。

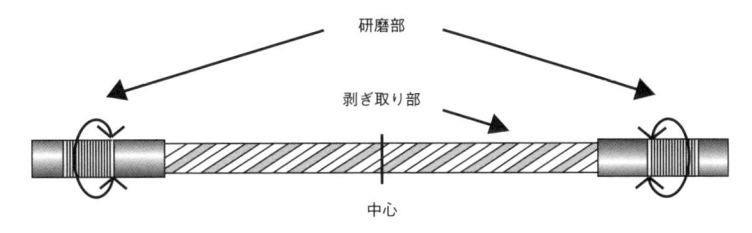

図 7-12　シースの剥ぎ取り

> サンドペーパによる研磨は、ケーブル外被にある縦傷を除去するための作業です。必ず、ケーブル円周方向に研磨すること。

第 7 章
余長処理技術

【STEP 2】押え巻きの除去

　PVCテープをシースを剥ぎ取った両端に巻きつけ、押え巻きを取り除きます。その後、1番スロットにスパイラルシリコンチューブ（青）を、2番スロットにスパイラルシリコンチューブ（黄）を心線に巻き付けます。

【STEP 3】心線保護シートの取付

　押え巻きを取り除いた部分に心線保護シートを取り付けます。このとき、心線の取り出し作業を左右個別に行う為に心線保護シートの中央に切り込みを入れます。

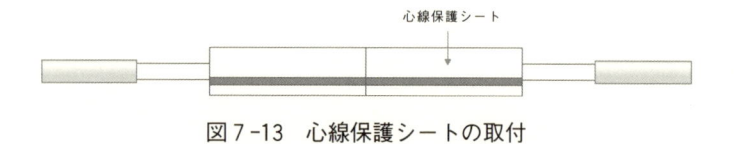

図 7-13　心線保護シートの取付

【STEP 4】クロージャの支持線への取付

　支持線クランプに吊り具と支持線を通して、六角レンチを用いて支持線クランプのボルトを締め付け固定します。

図 7-14　クロージャの支持線への取付

【STEP 5】主ケーブルの固定

　主ケーブルを導入し、固定します。

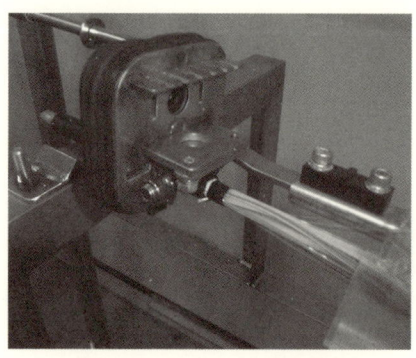

図 7-15　主ケーブルの固定

第 7 章
余長処理技術

> ケーブルの導入の際には、ケーブルが過度の曲げを生じないように注意すること。

【STEP 6】中間分岐トレイの準備
　所定の方法により、トレーの開放を行います。

> トレイ開閉時には、既設回線の心線移動に注意すること

【STEP 7】分岐心線の取り出し・切断
　スロット溝から心線を取り出し、分岐する心線を中央部で切断します。

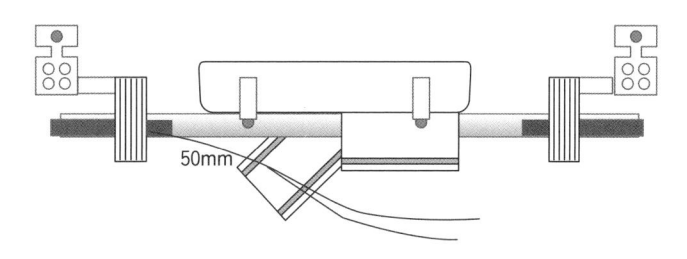

図 7-16　分岐心線の取り出し・切断

【STEP 8】心線の分割
　分岐する心線をケーブル外被より50mmのところまで分割し、心線保護シートを元に戻します。

【STEP 9】分岐ケーブルの挿入
　はじめに、分岐ケーブルのシースを研磨・清掃します。その後、図の位置にケーブル挿入を容易にするためのシリコングリースを塗布し、分岐ケーブルを挿入します。

図 7-17　分岐ケーブルの挿入

第 7 章
余長処理技術

【STEP10】TMの口出し
　図7-18のようにケーブルの口出しを行います。

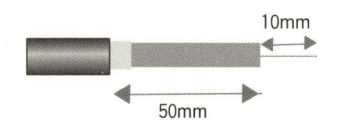

図7-18　TMの口出し

【STEP11】分岐ケーブルの固定
　鬼目ボルトで端面板の中心にケーブルの中心がくるように固定します。

図7-19　分岐ケーブルの固定

【STEP12】ドロップケーブルの処理、引き込み・固定
　ドロップケーブルを図7-20のように処理します。次に、ドロップケーブルを清掃し、端面板の穴に刺して長めにクロージャ内に引き込みます。

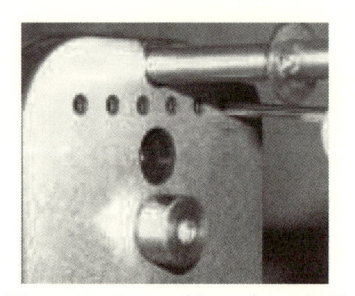

図7-20　ドロップケーブルの処理

【STEP13】ドロップケーブルの口出し
　ドロップケーブルの口出しを行います。

第 7 章
余長処理技術

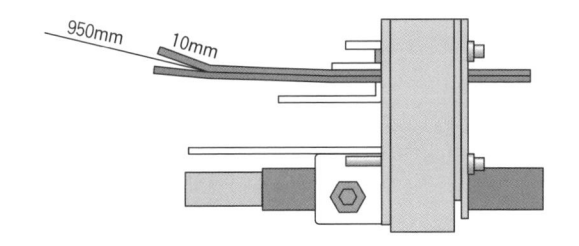

図 7-21　ドロップケーブルの口出し

【STEP14】把持具の取付
　　ケーブルを把持具で挟み込み、把持具を連結板の台座にはめ込みます。

【STEP15】心線の接続・収納
　　心線を接続し、収納します。

【STEP16】スリーブの取付
　　スリーブを取り付けます。

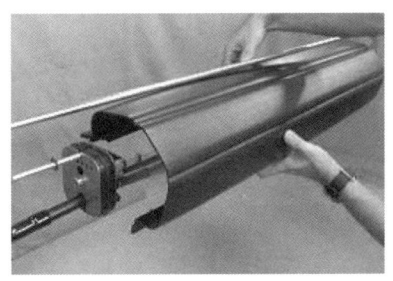

図 7-22　スリーブの取付

> スリーブ取付け前に再度、端面ゴムパッキンをなじませ、すき間のないようにすること

> ケーブルの心線を挟み込まないように注意すること

【STEP17】端面ゴムパッキンの圧縮
　　スリーブの締結後、端面ゴムパッキン圧縮用六角穴付きボルトを使用し、端面ゴムパッキンの圧縮を行います。

第7章
余長処理技術

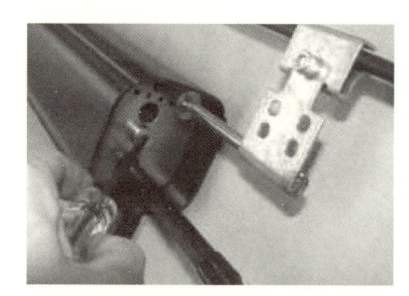

図7-23　端面ゴムパッキンの圧縮

【STEP18】ドロップケーブルのメッセンジャワイヤ把持
　ドロップケーブルのメッセンジャワイヤを、クロージャ吊金具を利用して固定します。

図7-24　メッセンジャワイヤ把持

光接続箱の組立て

　ここでは、屋内光接続箱の取付及び接続技術について見ていきます。

● 光接続箱の組立ての流れ

　屋内光接続箱の組立て作業は図7-25のような流れになります。

第7章
余長処理技術

```
┌─────────────┐
│  本体の取付  │
└─────────────┘
      ▼
┌─────────────────┐
│ 光ケーブルの心線出し │
└─────────────────┘
      ▼
┌─────────────────┐
│  光ケーブルの固定  │
└─────────────────┘
      ▼
┌─────────────┐
│   接　続    │
└─────────────┘
      ▼
┌─────────────┐
│   余長処理   │
└─────────────┘
      ▼
┌─────────────┐
│   蓋取付    │
└─────────────┘
      ▼
┌─────────────┐
│   清　掃    │
└─────────────┘
```

図7-25　光接続組立ての流れ

【STEP1】本体の取付
　　屋内光接続箱を壁面に固定します。

【STEP2】光ケーブルの心線出し
　　インドアケーブルを切り裂き、心線出しを行います。また、切り裂いたインドアケーブルの外皮を切り裂き付近で切断します。

【STEP3】光ケーブルの固定
　　光ケーブルをケーブル把持具で挟み込みます。その後、光ローゼットの固定部へ固定します。

> ⚠ 光ケーブルがしっかりと固定されているか確認すること。

【STEP4】接続
　　心線をメカニカルスプライス接続します。

【STEP5】余長処理
　　接続後、接続部を光接続箱の接続部固定部に固定し、余長を収納します。

第 7 章
余長処理技術

> ⚠ 十分な曲げ半径を取っているか確認すること。

【STEP 6】蓋取付
　蓋を取付けます。

> ⚠ 心線を挟み込まないように注意すること。

【STEP 7】清掃
　光接続箱の全体の汚れを拭取ります。

> ⚠ 作業中に生じた光ファイバ屑、外皮屑などゴミはすべて片付けること。

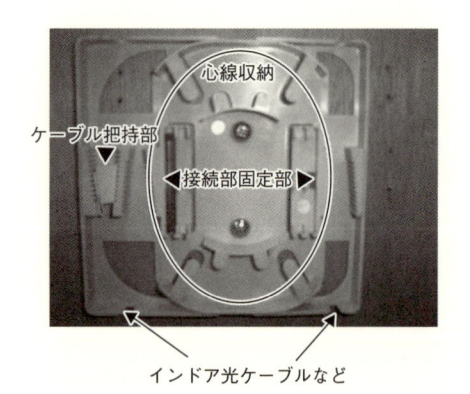

図 7 -26　光接続箱への心線収納（同方向接続の場合）

第8章
メカニカルスプライス接続技術

第8章
メカニカルスプライス接続技術

メカニカルスプライス接続法

　メカニカルスプライス接続法は、図8-1に示すように永久接続法のひとつです。V溝を用いて光ファイバ端面を突き合わせるとともに上部から光ファイバを押し付けることで軸合わせを行った後、メカニカルな構造により固定する方法です。融着接続のように光ファイバを溶かしたりすることはせずに、光ファイバを物理的に接触させることのみで接続でき、平均で0.1dB以下の低接続損失値が得られます。

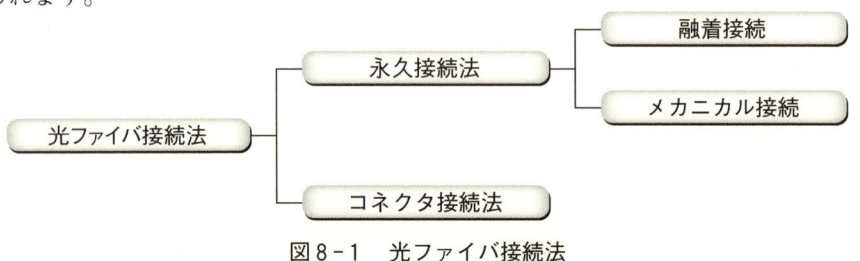

図8-1　光ファイバ接続法

● メカニカルスプライス接続工具

　メカニカルスプライス法による接続には、専用のメカニカルスプライス接続工具を用います。

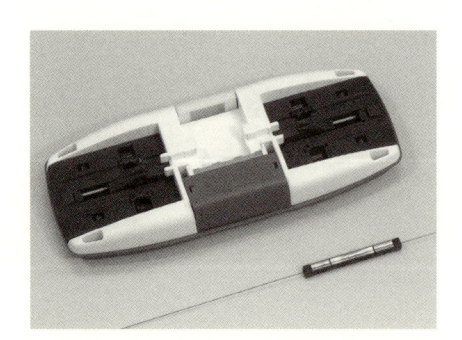

図8-2　メカニカルスプライス接続工具（㈱フジクラ）

● メカニカルスプライスの種類

単心用メカニカルスプライス素子
　単心光ファイバのメカニカルスプライス接続用素子です（図8-3）。

第 8 章
メカニカルスプライス接続技術

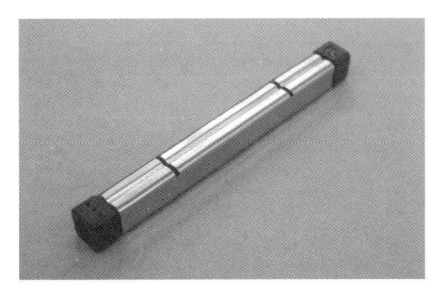

図 8-3　メカニカルスプライス素子：単心用

● **メカニカルスプライス接続の特徴**

メカニカルスプライス接続の特徴としては
- 構造が簡単
- 低損失での接続が可能
- 電源を必要としない
- 短時間での接続作業が可能

ことです。

● **メカニカルスプライス接続の適用箇所**

FTTHの普及に伴い、この接続法は架空クロージャ内でのアクセス光ケーブル～ドロップケーブル間の接続、屋外（内）成端箱内でのドロップケーブル～インドアケーブル間の接続などで用いられています。

メカニカルスプライス接続法は、作業者の技能により品質にばらつきが生じやすい接続法ですから、正確な工法を習得することが重要です。

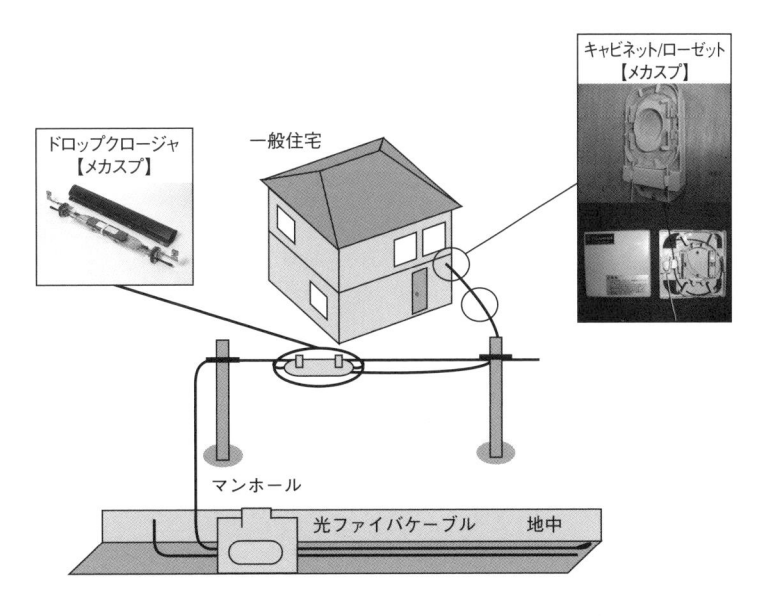

図 8-4　メカニカルスプライス接続法の適用箇所

第 8 章
メカニカルスプライス接続技術

メカニカルスプライス接続の原理

　　メカニカルスプライス接続は、メカニカルスプライス素子を用いて行います。メカニカルスプライス素子は図8-5に示すように、V溝により光ファイバ素線の軸あわせを行う構造になっています。また、突合せ時には、素子の内部に塗布されている屈折率整合剤がつき合わせ部の周りに広がり光の反射を抑え、良好な損失値を得ることができます。

　　屈折率整合剤とは、コアの屈折率と同様な屈折率を持つ液体です。屈折率整合剤が塗布されていない場合、光は突合せ部においてガラス～空気～ガラスと屈折率の異なる媒質間を進むことになりますが、屈折率整合剤を塗布することにより、コア～屈折率整合剤～コアと光が進むことになり、屈折率の異なる媒質に進んだときに生じるフレネル反射を抑えることができます。

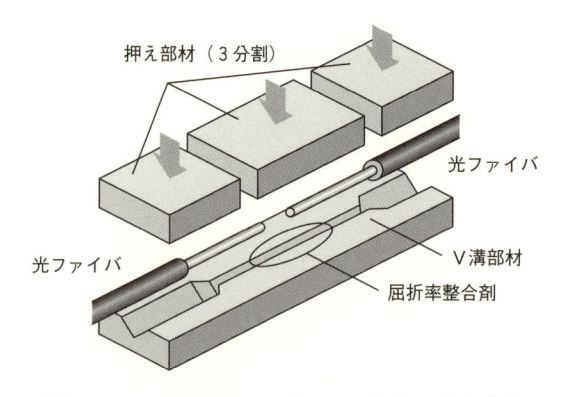

図8-5　メカニカルスプライス素子の基本構造

接続手順

　　ここでは、メカニカルスプライス接続作業について見ていきます。メカニカルスプライス法による接続手順は図8-6のようになります。

第8章
メカニカルスプライス接続技術

```
┌──────────────────┐
│  光ファイバの前処理  │
└──────────────────┘
         ▼
┌──────────────────┐
│  スプライス素子のセット │
└──────────────────┘
         ▼
┌──────────────────┐
│      クサビ挿入      │
└──────────────────┘
         ▼
┌──────────────────┐
│    光ファイバ挿入    │
└──────────────────┘
         ▼
┌──────────────────┐
│      突き合せ       │
└──────────────────┘
         ▼
┌──────────────────┐
│      クサビ解除      │
└──────────────────┘
         ▼
┌──────────────────┐
│   光ファイバ取りだし  │
└──────────────────┘
```

図8-6　メカニカルスプライスの接続手順

【STEP1】光ファイバの前処理

　光ファイバの被覆を除去し、光ファイバの清掃を行います。その後、規定の切断長になるよう光ファイバの切断を行います。規定の光ファイバ長に切断できなかった場合には、突合せができないので注意が必要です。

> ⚠️ 光ファイバの清掃時に、光ファイバ先端を指でゆっくりと曲げ、光ファイバに折れがないか確認すること。

【STEP2】メカニカルスプライス素子のセット

　メカニカルスプライス素子を接続工具にセットします。

【STEP3】クサビの挿入

　メカニカルスプライスにクサビを挿入することにより、光ファイバ挿入部を広げます。これにより光ファイバ心線がメカニカルスプライスに挿入可能となります。

【STEP4】光ファイバ挿入

　前処理した光ファイバをメカニカルスプライス素子の光ファイバ挿入部に挿入します。

第 8 章
メカニカルスプライス接続技術

> ⚠ 光ファイバ端面をぶつけないよう注意すること。

【STEP 5】突合せ
　双方向から光ファイバをメカニカルスプライス素子に挿入し、突合せを行います。このとき、挿入している光ファイバが他方の光ファイバ端面に突き当たれば、付き合わせ終了です（突き当たると、他方の光ファイバが動きます）。

【STEP 6】クサビ引き抜き
　クサビを引き抜きます。

【STEP 7】光ファイバ取り出し
　接続した光ファイバを接続工具から取り出します。

【STEP 8】完了
　光ファイバの抜けなどがないか確認し、接続完了です。

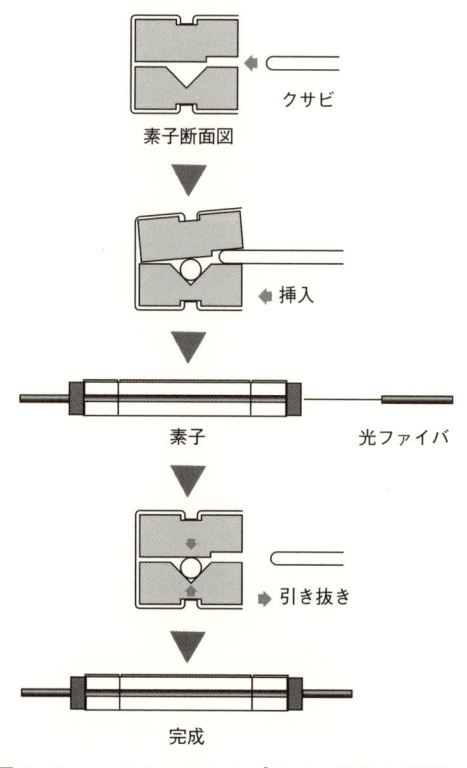

図 8-7　メカニカルスプライス接続の手順

第8章
メカニカルスプライス接続技術

メカニカルスプライス接続に必要な工具等

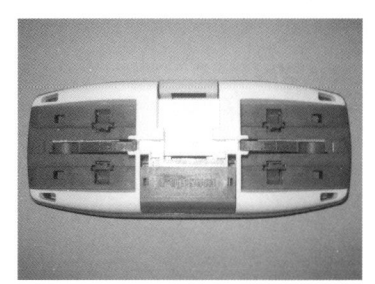

メカニカルスプライス接続工具
単心及び多心ファイバのメカニカルスプライス接続を行う工具です。

メカニカルスプライス用スペーサ
光ファイバカッタに取り付けて、ファイバの切断長の調整を行います。

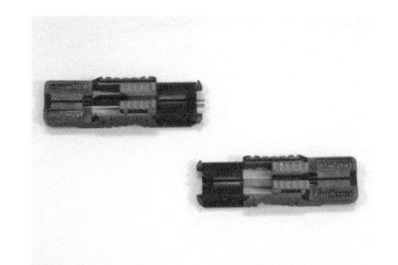

光ファイバホルダ
メカニカルスプライス接続専用の光ファイバホルダです。

光ファイバカッタ
高精度な切断を行うことができる光ファイバ専用カッタです。

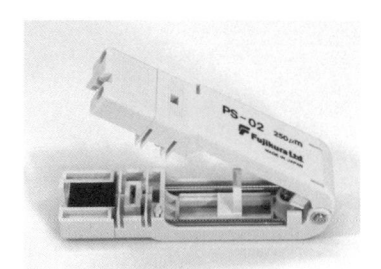

メカニカル光ファイバストリッパ
主に0.25mm心線の被覆を除去する際に用います。

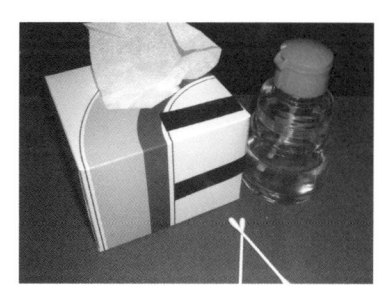

綿棒・ワイプ紙・エタノール
光ファイバの前処理をする際に用います。

第8章
メカニカルスプライス接続技術

メカニカルスプライス接続作業手順　　　　　　　　　　　　　　　　　　1/2

手　順	作業内容	
メカスプの設置	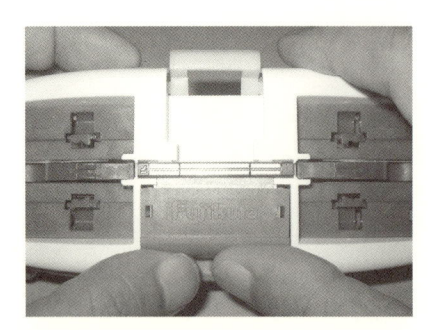	メカスプをしっかりはめ込み、クサビ挿入レバー（赤色）を押込んでクサビをメカスプに挿入します。
単心光ファイバフォルダへ心線をセット	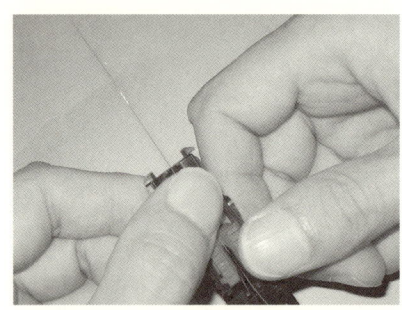	心線を単心光ファイバホルダ「F」から40mm出して設置します。
光ファイバの口出し	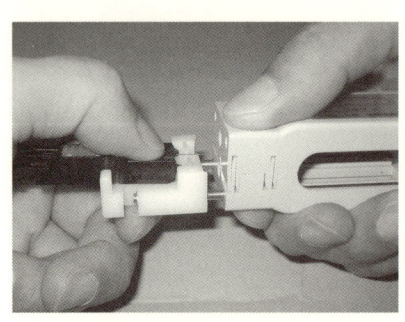	しっかりと挟んで右側に引きます。
ファイバカット	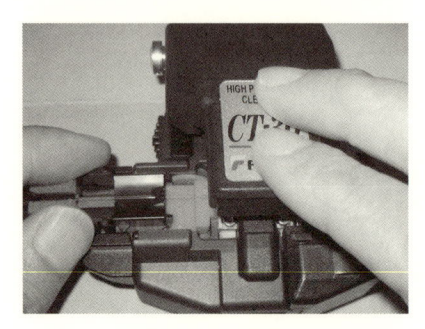	隙間のないことを確認して、ファイバをカットします。

第 8 章
メカニカルスプライス接続技術

メカニカルスプライス接続作業手順 2/2

手 順	作業内容	
ホルダ設置	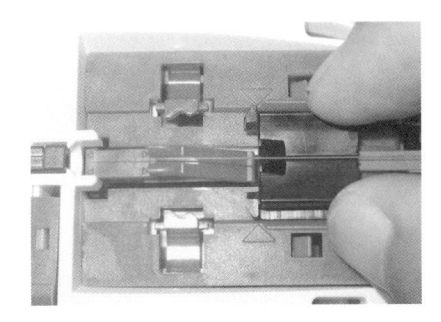	ホルダ先端のカドの部分をホルダレールの△マークに合わせ、心線処理長が図の位置になることを確認します。
ファイバ突合せ確認	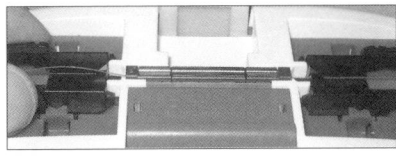 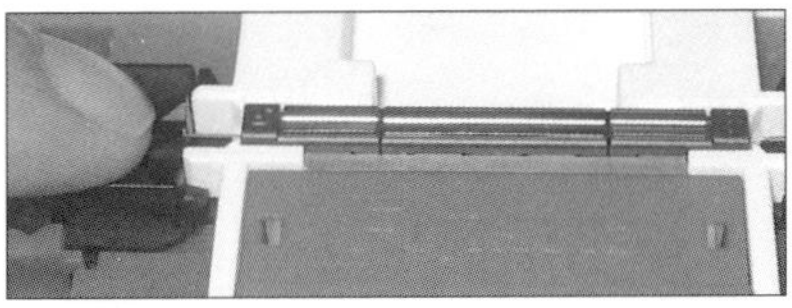	①反対側のホルダも挿入すると ②挿入したホルダ側のファイバがたわみます。 ③たわんだ側のファイバを指で押すと ④反対側のファイバがたわみます。
クサビ解除	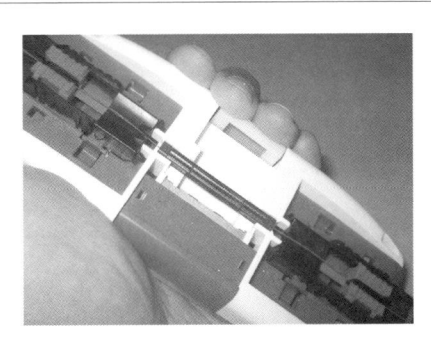	①左右のたわみを同じぐらいにして ②クサビ除去レバー（黄色）を押し込みます。 ③クサビが抜け、ファイバが接続されます。
素子取り出し・完了	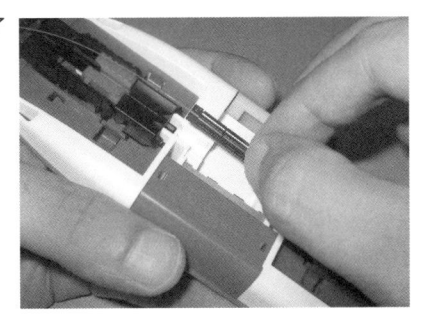	左右のホルダクランプをメカスプ側にずらして心線の固定を解除します。 ▼ 心線を工具本体にひっかけないようにメカスプをつまんで取り出します。

第9章
光コネクタ接続技術

第9章
光コネクタ接続技術

光コネクタ接続法

　光コネクタ接続は、光ファイバ端に取り付けられた光コネクタ同士を、アダプタにより突きあわせる接続法で、平均で0.15dB以下の接続が可能です。

● 光コネクタ接続の適応箇所

　光コネクタ接続は、接続工具が不要のため、建物内の水平配線や機器への配線に使われる短距離用光ケーブルや光ファイバコードの接続に主に用いられています。FTTH配線では、屋内（外）成端箱内や光コンセントでの光ファイバ接続法として用いられています。

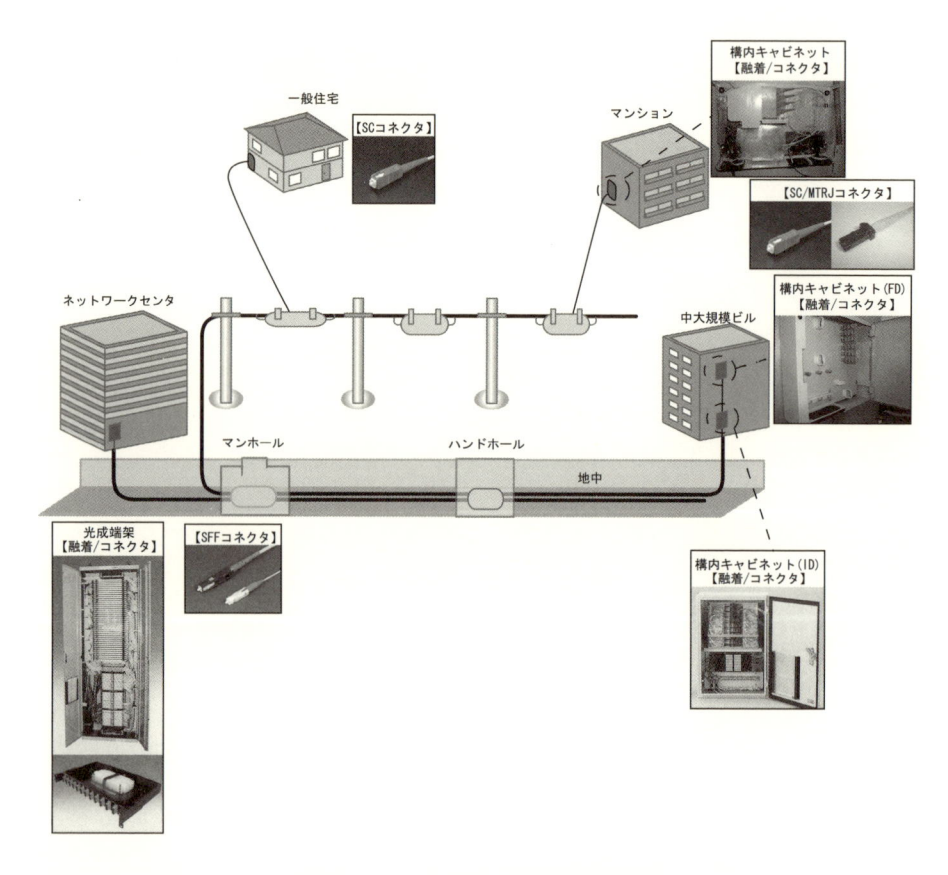

図9-1　光コネクタ接続の使用箇所

第9章 光コネクタ接続技術

● 光コネクタに求められる特性

光コネクタに求められる特性として次のものがあります。
- 標準化がされていること
- 終端が容易であること
- 信頼性
- 使い易いこと
- 損失、反射減衰量
- 繰り返し使用できること

光コネクタの種類

現在世界で使用されているコネクタは、数十種類にも上りますが、IECやITUにおいて標準化が行われています。

ここでは、日本で用いられている代表的な光コネクタ（表9-1、9-2）について見ていきます。

表9-1　光コネクタ関連のJIS規格（抜粋）

規格番号	規格名	締結方式	コネクタ名
JIS C 5961	光ファイバコネクタ試験方法		
JIS C 5962	光ファイバコネクタ通則		
JIS C 5963	光ファイバコード付き光コネクタ通則		
JIS C 5970	F01形単心光ファイバコネクタ	M8ねじ	FCコネクタ
JIS C 5973	F04形単心光ファイバコネクタ	スライドロックプッシュオン形	SCコネクタ
JIS C 5974	F05形単心光ファイバコネクタ	レバーロック／フリクションロック	プラスチックファイバ用
JIS C 5976	F07形2心光ファイバコネクタ	レバーロック／フリクションロック	プラスチックファイバ用
JIS C 5981	F12形多心光ファイバコネクタ	クランプスプリング	MTコネクタ

第9章
光コネクタ接続技術

名称	外観	用途	規格
FC	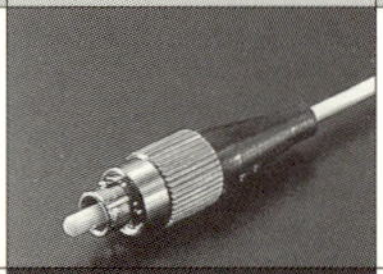	汎用幹線	JIS C 5970（F01） IEC 61754-13
SC	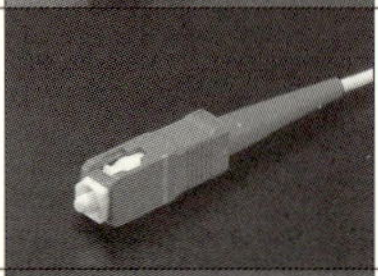	汎用LAN	JIS C 5973（F04） IEC 61754-4
MT	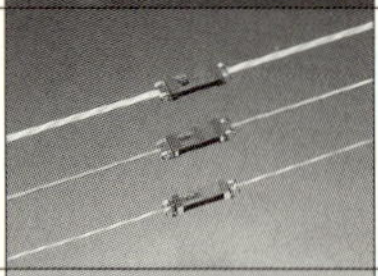	幹線多心	JIS C 5981（F12） IEC 61754-5
ST	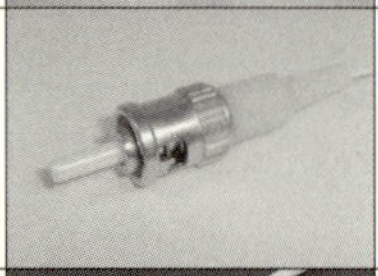	高密度実装	
MU	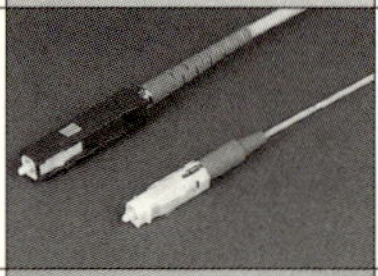	高密度実装	JIS C 5983（F14） IEC 61754-6
MT-RJ	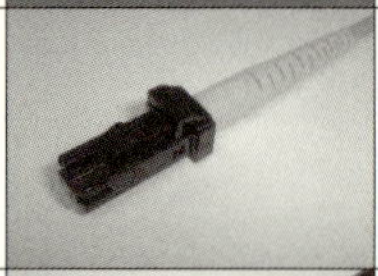	LAN	IEC 61754-18
F05	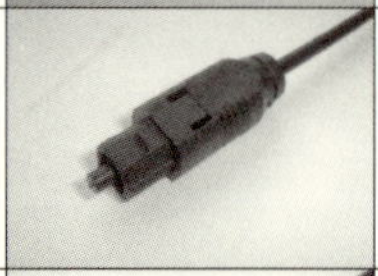	単方方向用	JIS C 5974
F07		双方向用	JIS C 5976
SMA	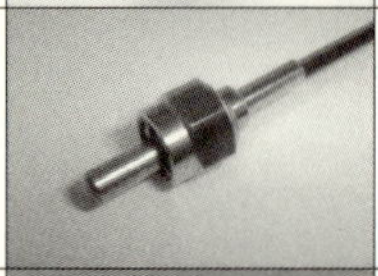	短距離用	
LC	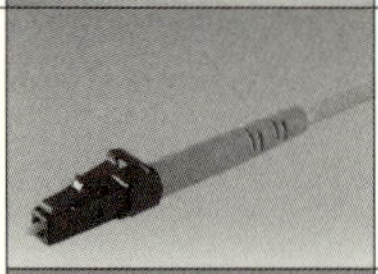 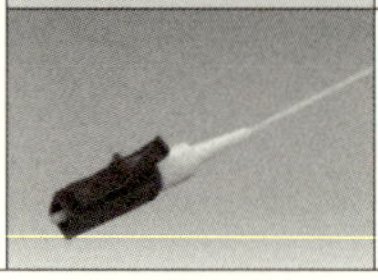		

図9-2　光コネクタの種類

第９章
光コネクタ接続技術

● 石英光ファイバ用コネクタ

■FCコネクタ

　FCコネクタ（Fiber Connector）は、ネジ込みにより接続するタイプの光コネクタで、計測器などの接続用として広く用いられています。

　特徴は、ネジのついたカップリングナットを使用していることです。これにより振動などにも強固な接続が可能です。また、図9-4のようにホルダ部に設けられたキーとレセクタプルをあわせることで、光ファイバに偏心や楕円があるときでも損失を小さく接続することができます。ただし、着脱にはナットを回さなければならず、回すためのスペースが必要なことや、すばやい着脱ができないなどの欠点もあります。

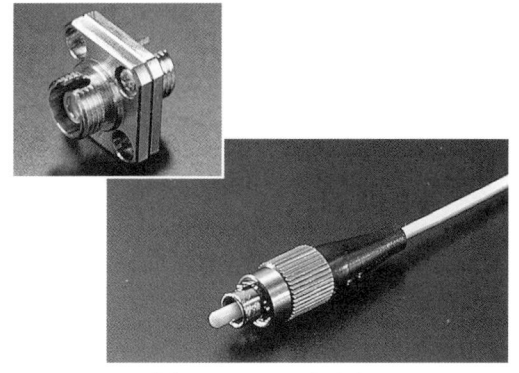

図9-3　FCコネクタ

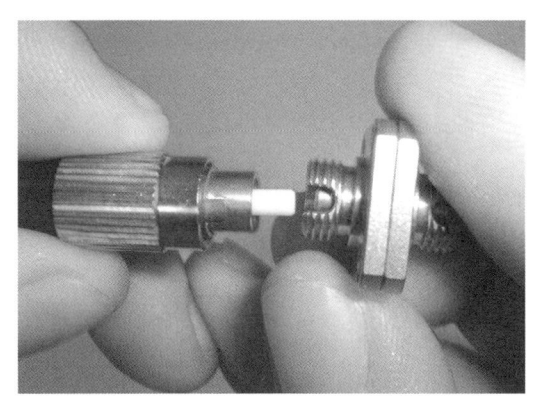

図9-4　コネクタとアダプタのキー

第9章
光コネクタ接続技術

技術解説（フェルール）

光コネクタ先端の白色部分はフェルールと呼ばれます。フェルール端面を研磨することで接続損失と反射量を低減することができます。

■材質

フェルールの材質には次の3つのものがあります。
- ジルコニア

    セラミックの一種で、現在大部分のフェルールに用いられています。信頼性と耐久性に優れており、精密加工ができる硬さと現場での研磨が可能な柔らかさを併せ持ちます。
- プラスチック

    低コストであり、性能的にはジルコニアと同等です。しかし、環境的変化の影響を受けやすい欠点があります。LAN等のビル内ネットワークに適しています。
- ステンレス

    機械的特性に優れ、非常に強固ですが、信頼性はジルコニアと比べて劣ります。

■構造

主に2つの構造があります。単心光コネクタで使用される円筒形フェルーと、テープ型光ファイバで使用されるガイドピン嵌合型フェルールです。

図9-5　光コネクタのフェルール

第9章
光コネクタ接続技術

■SCコネクタ

　SCコネクタ（Single Coupling connector）は、ANSI/TIA/EIA-568-B.3で標準コネクタとして推奨されている光コネクタです。SCコネクタのフェルールはFCコネクタと同寸法のジルコニア製、ハウジング部はプラスチック製であり、着脱が容易なPUSH‐ON形となっています。着脱が容易であるので、構内配線等のアプリケーションで好まれ、LANでも標準コネクタとなっています。図9-7のように極性管理がし易いデュプレックスSCコネクタもあります。

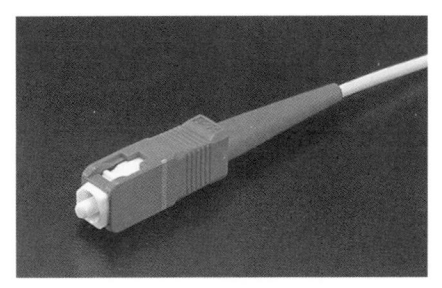

図9-6　SC型コネクタ

図9-7　デュプレックスSC型コネクタ

■MTコネクタ

　MTコネクタ（Mechanically Transferable splicing connector）は、ピン勘合方式により多心テープ光ファイバを一括接続できる光コネクタです。MT型コネクタの接続には、MTクリップ、ピン、脱着工具、整合材が必要となります。

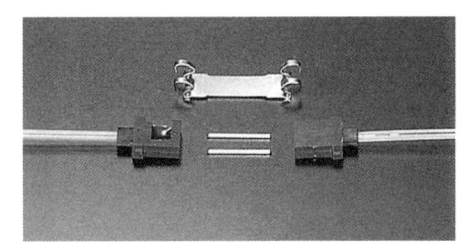

図9-8　MT型コネクタ

第 9 章
光コネクタ接続技術

■STコネクタ

　STコネクタ（Straight Tip connector）は、AT＆Tのベル研究所で開発された構内配線用及び計測用の光コネクタです。バイヨネットのカップリングのため、着脱が容易です。

図9-9　STコネクタ

■MT-RJコネクタ

　MT-RJコネクタは、2心一括接続が可能なデュプレックス型の光コネクタです。コネクタ締結方式として、RJ-45コネクタと同様なラッチによる嵌合方式を用いており、着脱が容易にできます。主に、ギガビットイーサネット（1Gbps）、ファーストイーサネット（100Mbps）などに適用されます。光ファイバの効率的な配線のために、現場での組立が可能な現場組立型MT-RJコネクタも開発されています。

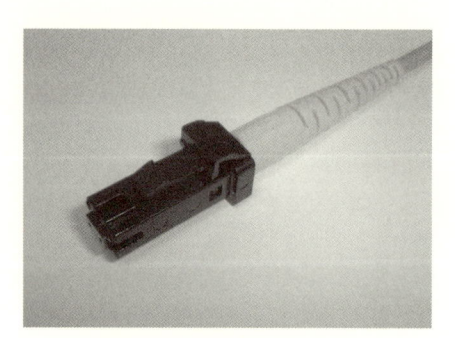

図9-10　MT-RJコネクタ

■SFFコネクタ

　SFFコネクタ（Small Form Factor connector）は、ギガビットイーサネットなどで用いられている新しい型の光コネクタの総称です。SFFは、ANSI/TIA/EIA568-B.3で推奨されており、その中で各メーカーが提唱したMT-RJコネクタ、LCコネクタ、MUコネクタ等が使われています。SFFコネクタは、省スペースであるためパッチパネル、アウトレット、端末機内の光トランシーバとの接続点等の各接続点に使用されます。

第9章
光コネクタ接続技術

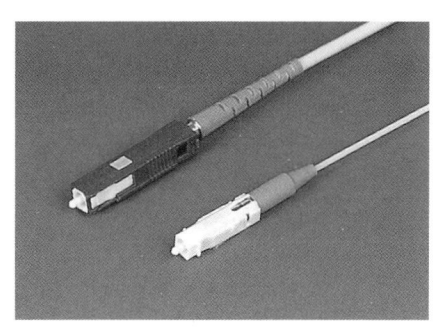

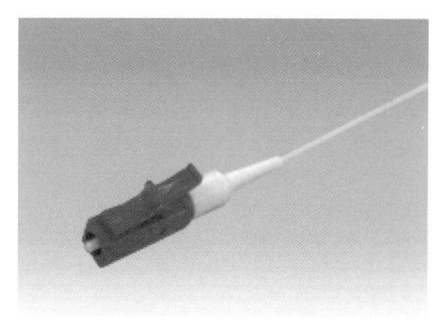

図9-11　MUコネクタ（左）、LCコネクタ（右）

● プラスチック光ファイバ用コネクタ

■SMAコネクタ

　　ミリ波導波管用のプラグとして用いられていたものを光ファイバ用に転用したものです。金属製のねじ込み式を採用しています。

図9-12　SMAコネクタ

■F05コネクタ

　　F05コネクタは、JIS/IEC規格の単方向用光コネクタです。オーディオで多く使用されているEIAJ準拠のものと、事実上同じものです。

■F07コネクタ

　　F07コネクタは、JIS規格準拠の双方向用光コネクタです。FAなどの短距離用のPOFデジタルリンクとして用いられます。

■PNコネクタ

　　PNコネクタは、F07型コネクタと非常に良く似た形の光コネクタです。ATMフォーラム規格に準拠しています。また、IEEE1394.bにおいても標準化が進められています。

第9章 光コネクタ接続技術

端面の研磨方式

　光コネクタのフェルールの端面は、低損失な接続を実現するため精密な研磨が施されています。ここでは、その研磨方式について見ていきます。
　フェルール部の研磨方式には、フラット研磨、PC研磨、斜め研磨及びAPC研磨などがあります。

■フラット研磨

　フラット研磨は、フェルールの端面を平面に研磨する方法です。この場合、光ファイバの先端はフェルール端面より内側になるため、光ファイバの接続点において隙間が生じます。このため、フレネル反射を生じ、接続損失及び反射量が大きくなります。この方式は、フェルールが金属の場合やMJ-RJコネクタ（フラットPC研磨）に用いられます。

■PC研磨

　PC（Physical Contact）研磨は、フェルールの端面を球面に研磨する方法です。図9-13に示すように、フェルール端面を半径20mmの凸球面に研磨すると、光ファイバが理想球面より多少削られ、窪んだ状態になります。このとき、コネクタのばねによりフェルールが押されることにより先端部が弾性変形を起こし、光ファイバ端面同士が直接接触（Physical Contact）できることで反射を抑え、安定した接続（反射減衰量25dB以上）が可能です。
　AdPC（Advanced PC）研磨は、仕上げ研磨でSiO_2研磨剤を用いて加工変質層を除去する方法です。これにより反射減衰量を40dB以上とすることができます。加工変質層とは、研磨加工により光ファイバの端面に加工歪が生じて屈折率がわずかに変化している層のことで、この層があるとフレネル反射を引き起こします。

■斜め研磨

　斜め研磨（APC：Angled PC）研磨は、フェルールの端面を斜め8°に球面研磨する方法です。反射光を光ファイバのクラッド方向に反射させることで接続点に発生するわずかな反射光もカットでき、反射減衰量を60dB以上とすることができます。

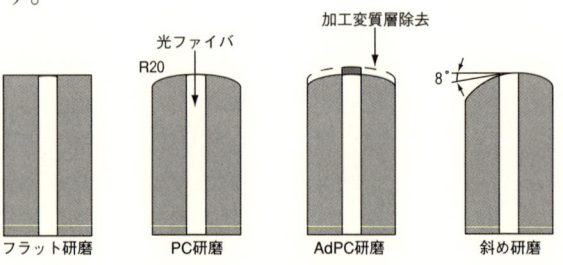

図9-13　研磨方式

第9章
光コネクタ接続技術

表9-2　研磨方式と光学特性

研磨方式	反射減衰量	接続損失(dB)
フラット研磨	＞15dB	0.7
PC研磨	＞25dB	0.5
AdPC研磨	＞40dB	0.5
APC研磨	＞60dB	0.5

光コネクタによる終端法

　施工現場において、光コネクタを現場加工し、光ファイバの終端を行うことがあります。ここでは、これらの方法について見ていきます。
　光コネクタの取付方法として次の2つがあります。
- ピグテール光ファイバの融着接続によるもの
- 光コネクタの現場組立・加工によるもの

これらの方法は、作業者のスキル及びアプリケーションによって選択されることとなります。

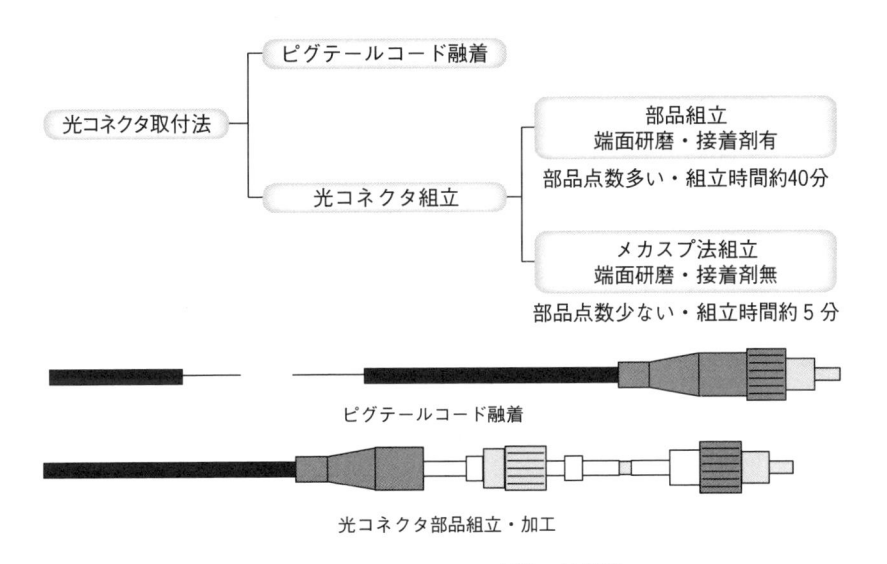

図9-14　光コネクタ取付法と終端法

● ピグテール光ファイバを用いた終端法

　ピグテール光ファイバを用いた終端法は、ピグテール光ファイバコードを現場で融着接続することにより、終端する方法です。その特徴は次の通りです。

メリット：
- コネクタが工場で取り付けられている。
- 終端法の中で、最も早い方法である。
- コネクタタイプによらず、融着接続と同じ技術で作業ができる。
- 十分な余長があるため、失敗や繰り返しが許される。

デメリット：
- 融着機あるいはメカニカルスプライス工具が必要である。
- ピグテール光ファイバのコストが大である。

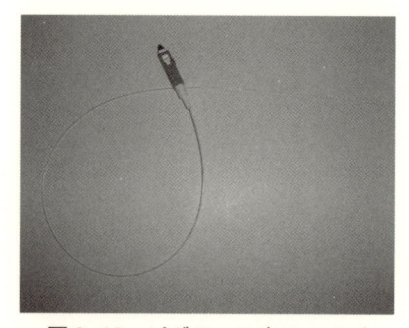

技術解説（ピグテール光ファイバ）

ピグテール光ファイバとは、
- 工場で光ファイバコードの片端に光コネクタが取り付けられたもの
- 逆端は、終端されていないもの

です。

図9-15　ピグテール光ファイバ

● 現場コネクタ組立による終端法

現場コネクタ組立による終端法は、現場で組立が可能な光コネクタを用いて終端を行う方法です。その特徴は次の通りです。

メリット：
- 余長をコントロールできる。
- 接続機器（メカニカルスプライス工具、融着機など）を必要としない。

デメリット：
- コネクタタイプ毎に終端工具が必要であり、作業手順が異なる。
- 終端に失敗した場合には、予備の部品及び再作業が必要。

第9章 光コネクタ接続技術

■現場コネクタ組立の方法

現場コネクタ組立の方法には、次の2つがあります。

部品組立（エポキシ要）
　接着剤を用いて光コネクタの加工組立を行い、フェルール端面の研磨も行う方法です。

メカニカルスプライス法を用いた部品組立（エポキシ不要）
　研磨済フェルールを用いたメカニカルスプライス法により加工組立を行う方法です。

　部品組立による方法は、接着剤の加熱硬化時間と端面研磨に要する時間があるため、作業時間が約40分程かかります。また、端面研磨の良否によって品質にばらつきが生じる問題点があります。一方、メカニカルスプライス法を用いた部品組立の方法はメカニカルスプライス法による組立であるため、簡易で作業時間が約5分程度で済み、品質は安定しています。

石英光ファイバコネクタ部品組立・加工

　ここでは、石英光ファイバコネクタの部品組立・加工作業について見ていきます。
　石英系光ファイバコネクタの組立・加工は、熟練した作業者でも多大な時間が必要です。また、フェルール端面の研磨を行うために、専用の研磨機が必要です。

● 部品組立手順

　石英光ファイバコネクタの組立・加工手順は図9-16のようになります。

光ファイバ前処理
↓
部品挿入
↓
接着剤塗布・硬化
↓
組　立
↓
端面研磨

図9-16　石英光ファイバ用コネクタの加工手順

第9章 光コネクタ接続技術

【STEP 1】光ファイバ前処理
　光ファイバ心線の被覆を所定の長さに除去し、清掃を行います。

【STEP 2】部品挿入
　ホルダ、バネ、リング、フードなどの部品を図9-17のように挿入します。

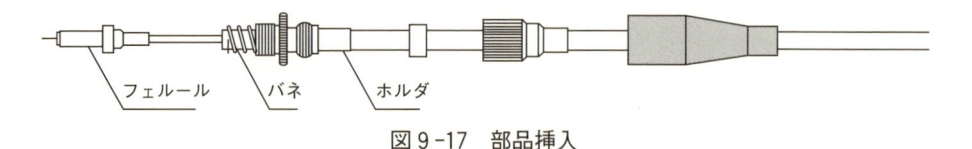

　　　　フェルール　バネ　ホルダ

図9-17　部品挿入

【STEP 3】接着剤塗布・硬化
　フェルールに光ファイバを挿入し、接着剤を塗布・硬化させます。

【STEP 4】組立
　フェルール先端からはみ出している光ファイバをルービカッタで切断し、ホルダとナットを入れたフレームを組み立てます。その後、リングでケプラを抑え、ホルダのネジ部に接着剤を塗布するとともに、ロックナットを締め付け、接着剤を塗布します。

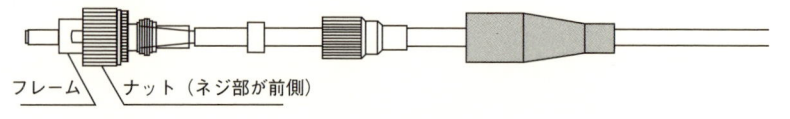

　　　　フレーム　ナット（ネジ部が前側）

図9-18　組立

【STEP 5】端面研磨
　フードを装着して、フードの後端に接着剤を塗布します。その後、フェルール端面を研磨します。

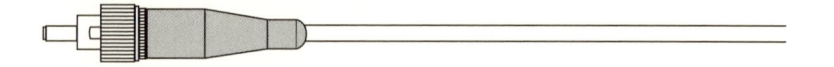

図9-19　完成

● **端面研磨法**

　現場において光コネクタ組立を行ったときや、端面に傷などが付いたときにはフェルール端面の研磨が必要になります。
　研磨を行うための工具には、自動的に研磨を行う自動研磨装置とマニュアル研磨装置があります。

第 9 章
光コネクタ接続技術

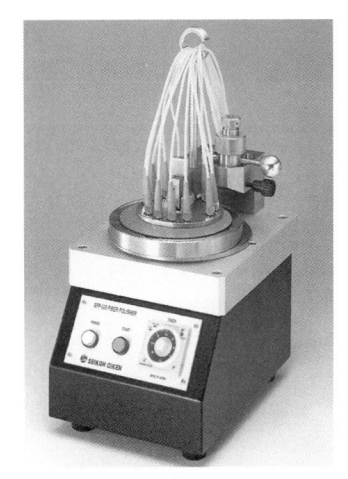

図 9-20　自動研磨装置

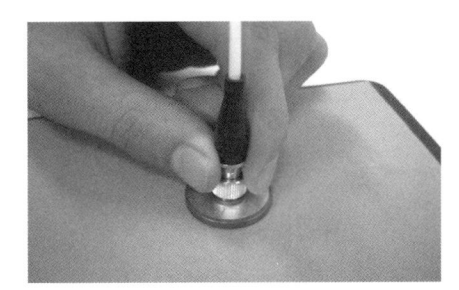

図 9-21　マニュアル研磨

　マニュアル研磨の手順を図 9-22のようになります。詳しくは、「マニュアル研磨」をご覧下さい。

コネクタセット
↓
接着剤除去
↓
球面成形
↓
1 次研磨
↓
2 次研磨
↓
仕上げ研磨

図 9-22　マニュアル研磨の流れ

第9章
光コネクタ接続技術

メカニカルスプライス法による現場組立光コネクタ

● メカニカルスプライス法による現場組立光コネクタの原理

　メカニカルスプライス法による現場組立光コネクタ（図9-23）は、現場で光コネクタを簡易に組み立てることを目的とした光コネクタです。光ファイバ端面研磨済みのコネクタ部品をメカニカルスプライス法により組み立てるので、短時間で正確な作業ができます。

　光コネクタ部品にはあらかじめ光ファイバが内蔵固定され、端面は高精度に研磨されています。メカニカルスプライス部にはあらかじめ屈折率整合剤が入っており、内蔵された光ファイバと挿入光ファイバを物理的に接触されることで、現場での無研磨・無接着の組立が可能となっています。

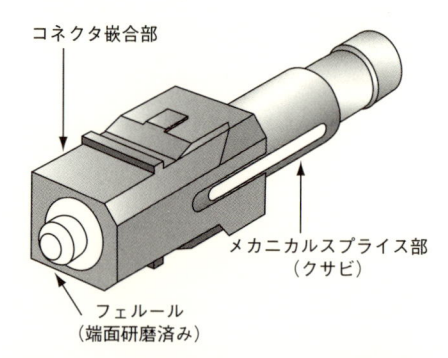

図9-23　現場組立SCコネクタの構造例

表9-3　現場組立SCコネクタの光学特性例

研磨方式	仕様
波長	1.31μm、1.55μm
心線数	1心
ファイバクラッド径	125μm
ファイバ被覆径	250μm
挿入損失	平均0.3dB以下（SM代表値）
反射減衰量	40dB以上（SM）
端面研磨	SPC（SM）
利用回数	1回

第 9 章
光コネクタ接続技術

● 組立手順

メカニカルスプライス法による現場組立コネクタの組立手順は図 9-24 のとおりです。

```
光ファイバの前処理
    ▼
コネクタ部品セット
    ▼
クサビ挿入
    ▼
光ファイバ挿入
    ▼
クサビ解除
    ▼
コネクタ取出し
    ▼
ブーツ取付・完成
```

図 9-24　メカニカルスプライス法による現場組立コネクタの組立手順

【STEP 1】光ファイバの前処理
　　光ファイバ心線の被覆を定められた寸法で除去し、清掃後、切断します。

【STEP 2】コネクタ部品のセット
　　コネクタ部品を組立工具にセットします。

【STEP 3】クサビ挿入
　　クサビを挿入します。

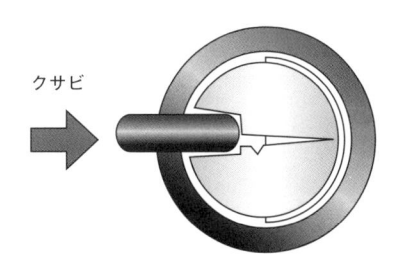

図 9-25　クサビ挿入

第 9 章
光コネクタ接続技術

【STEP 4】光ファイバ挿入
　　メカニカルスプライス部へ光ファイバをゆっくりと挿入します。

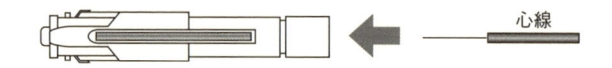

図 9-26　心線の挿入

【STEP 5】クサビ解除
　　クサビを解除します。これにより挿入した光ファイバがメカニカルスプライス部にてクランプされます。

> クサビを解除する際には、適切な突合せ力を光ファイバ接続部に付与している必要があります。作業手順を厳守してください。

【STEP 6】コネクタ取り出し
　　コネクタを取り出します。

【STEP 7】ハウジング・ブーツ取付・完成
　　ハウジング、ゴムブーツを組み込み、完成です。

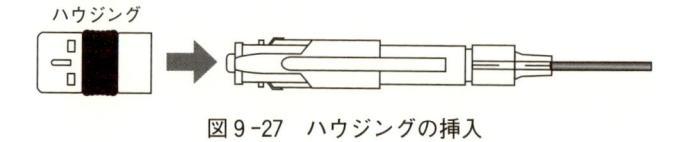

図 9-27　ハウジングの挿入

第 9 章
光コネクタ接続技術

研磨面の検査法

■目視検査

　目視によって、端面を検査する方法です。球面が適切に成形されているかどうかは、図9-28のように端面の斜め方向から光を当て、顕微鏡等でその反射光を観察します。

図9-28　端面外観目視検査

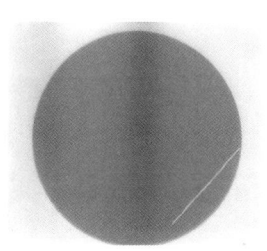

(a) キズなし　　　　　(b) 端面キズあり
図9-29　端面の外観検査

　外観検査の基準は、図9-30のようになります。

外観	状態	原因（対策）
（○）	良好	──
 （細点）	細かな点	仕上げ研磨時間の不足 （仕上げ研磨の再研磨）
 （かすり傷）	細かなかすり傷	研磨シートの劣化、ごみ付着 （シート交換）
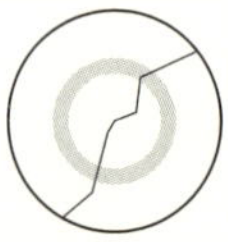 （欠け）	大きな欠け、キズ	研磨失敗 （再研磨）

図9-30　外観検査の基準

■3次元形状測定

　3次元形状測定システムを用いて端面の形状を検査するものです。干渉計を用いてプロファイル表示を行います。測定項目は、曲率半径、頂点ズレ、光ファイバの引き込みや突き出しの判定、傷のチェックなどです。

■反射減衰量測定

　反射減衰量測定は、端面の反射量を測定することにより端面の研磨精度を確認する方法です。反射減衰量とは、入射端から光信号を入射したとき、同じ入射端へ反射して戻ってくる光損失のことをいいます。反射減衰量の測定方法は、「JIS C5961光ファイバコネクタ試験方法」により規定されています。

表9-4　反射減衰量の値

反射減衰量	入射光：反射光	比率
10dB	1：0.1	10分の1
20dB	1：0.01	100分の1
30dB	1：0.001	1,000分の1
40dB	1：0.0001	10,000分の1
60dB	1：0.000001	1,000,000分の1

プラスチック光ファイバコネクタの組立・加工

　プラスチック光ファイバはファイバ径が石英系光ファイバに比べて大きいため、石英光ファイバと比べて加工が容易です。ここでは、プラスチック光ファイバの組立・加工法について見ていきます。

● プラスチック光ファイバ用コネクタの加工手順

プラスチック光ファイバ用コネクタの加工手順は図9-31にようになります。

```
被覆除去
  ▼
コネクタ組立
  ▼
ファイバの切断
  ▼
端面加工
```

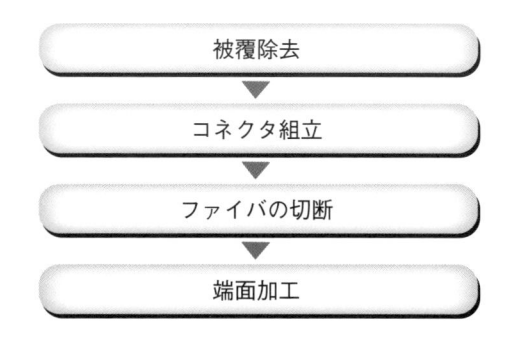

図9-31　プラスチック光ファイバ用コネクタの加工手順

【STEP1】
　　ジャケットストリッパを用いて、POFコードの被覆を除去します。

【STEP2】コネクタ組立
　　光ファイバを光コネクタに挿入し、コネクタの組立を行います。

【STEP3】光ファイバの切断
　　光ファイバを所定の寸法に切断します。この場合、石英系光ファイバで用いられる高精度光ファイバカッタは必要ありません。

【STEP4】端面加工
　　熱板処理（ホットプレート法）によって、端面を加工します。

第9章
光コネクタ接続技術

技術解説（ホットプレート法）

ホットプレート法とは、熱した鏡面状のプレートに光ファイバ端面を押し当て転写することにより、平滑面を作成する方法です。非常に簡単に均質な端面加工が行える方法です。

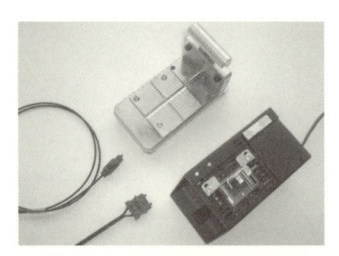

図9-32　ホットプレート法の加工ツール（三菱レイヨン㈱）

光コネクタの取扱法

● 光コネクタ取り扱い上の注意点

光コネクタは着脱が容易ですが、その取り扱いには十分に注意する必要があります。以下にその注意点を示します。

- 光レセプタクルと光プラグの接続は、光プラグの爪と光レセプタクルの切り欠きを合わせて静かに差し込むようにすること（FCコネクタの場合）。
- 光コネクタに、ほこりが付着すると光損失が大幅に増加します。使用時には清掃をよく行ってください。
- 光コネクタの端面はぶつけたりしないように注意します。傷がある場合には、再研磨が必要です。
- 使用時以外は保護キャップを取り付けておくようにします。

● 光コネクタの清掃法

光コネクタを清掃する方法として次のものがあります。
- アルコールで浸したワイプ紙等を利用して拭き取る。
- 光コネクタクリーナを利用する。

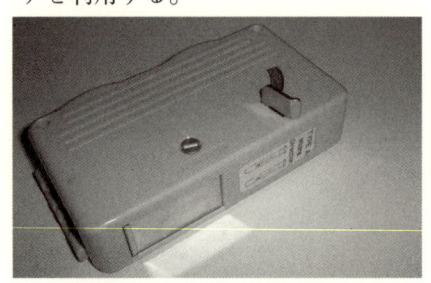

図9-33　コネクタクリーナ

第 9 章
光コネクタ接続技術

コネクタ組立に必要な機器・工具等

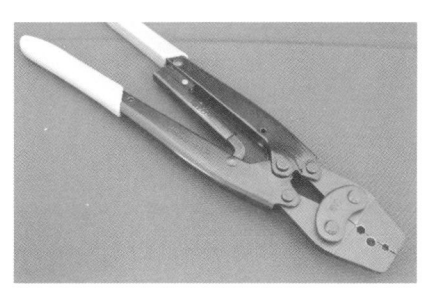

かしめ工具
リングやストップリングをかしめるために用います。

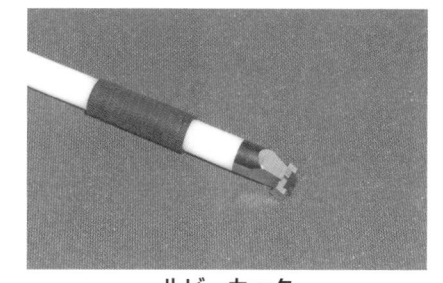

ルビーカッタ
余分な心線を切断するために用います。

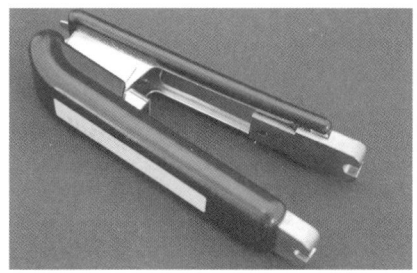

挿入工具
内部ハウジングを挿入するために用います。

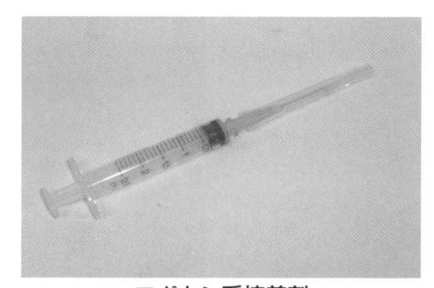

エポキシ系接着剤
フェルール内にファイバを挿入し、エポキシ系接着剤で固めます。フェルールに接着剤を入れるため注射器などを用います。

加熱器
エポキシ系接着剤を加熱硬化させるために用います。

第 9 章
光コネクタ接続技術

現場組立SCコネクタ組立作業手順（被覆径φ3mm） 1/3

手　順	作業内容	
部品の挿入	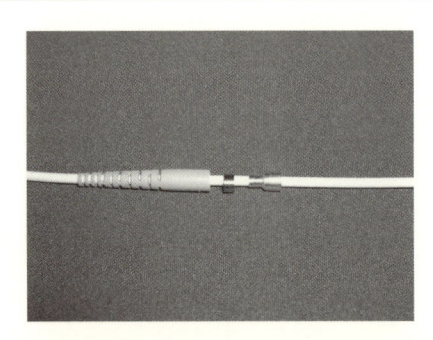	光ファイバコードにブーツ、ホルダ、リングの順に挿入してください。
PVC被覆除去	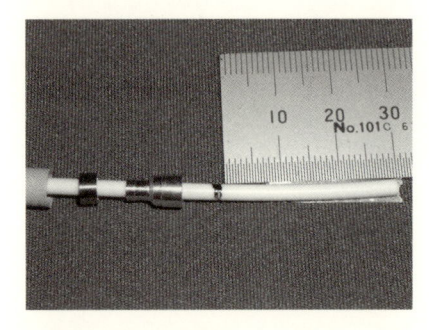	ファイバコードの先端から約30mmの位置にマークします。 ▼ マークの位置でPVC被覆を除去します。
ばね挿入	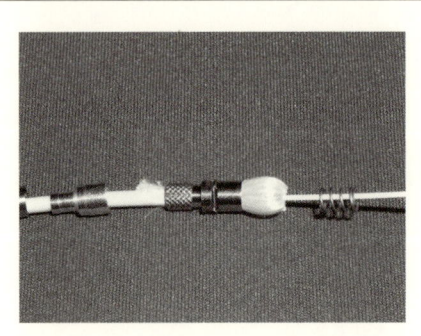	心線にばねを挿入します。 緩衝材を折り返し、その部分にバネを挿入します。
被覆除去・清掃	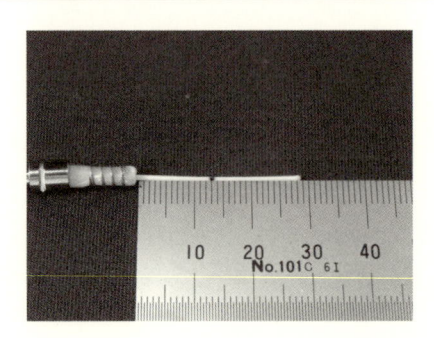	ナイロン被覆を13mm残し、被覆を除去します。 ▼ ファイバの清掃を行います。

第9章
光コネクタ接続技術

現場組立SCコネクタ組立作業手順（被覆径φ3mm） 2/3

手順	作業内容	
フェルール挿入・接着剤注入	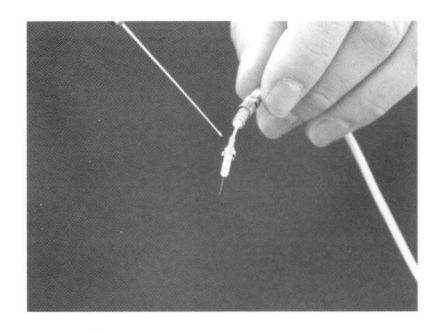	エポキシ系接着剤を準備し、注射器等に充填します。 ▼ フェルールに注射器で接着剤を充満させます。 フェルールにファイバを挿入します。フェルール先端から接着剤が少量出る（ファイバ先端が突出する）ようにしてください。 ❶ ファイバはフェルール内部においてエポキシで固められています。これは、コネクタ本体の中で動かないようにするためと、ピストニング（ファイバがフェルール先端から飛び出したり、引っ込んだりする状態）を防止するためです。
加熱硬化	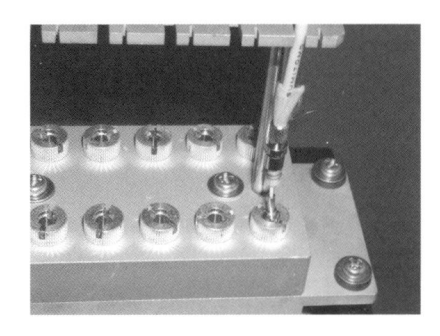	加熱器で、フェルール部分の接着剤を加熱硬化します（約30分ほどで硬化します）。 ❶ 加熱器は非常に高温になっています。火傷に注意してください。
ファイバ切断	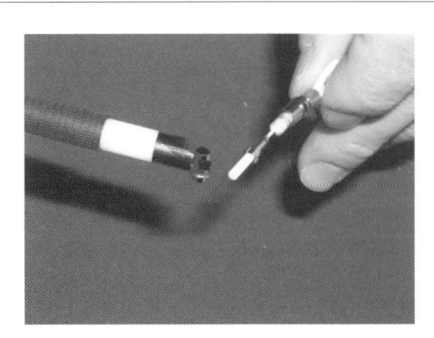	フェルールを加熱器より取り出します。 フェルール先端から出ているファイバを、ルービーカッタで切断します。
挿入	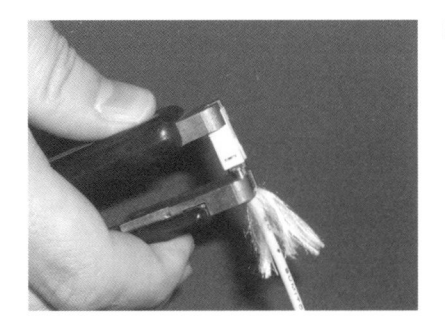	内部ハウジングを挿入工具を用いて挿入します。

第 9 章
光コネクタ接続技術

現場組立SCコネクタ組立作業手順（被覆径φ3mm） 3/3

手　順	作業内容

被覆縦裂き　　　　PVC被覆を7mm程、縦裂きします（2箇所）。

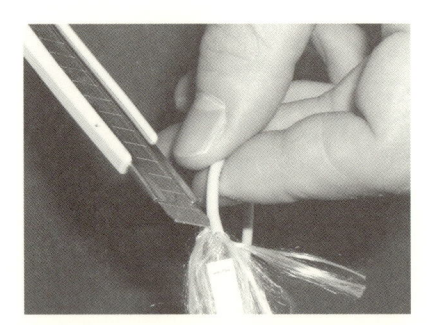

ホルダかしめ　　　ホルダを工具でかしめます。

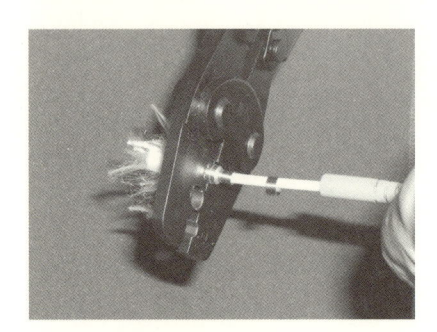

リングかしめ　　　リングを工具でかしめます。

ブーツ・ハウジング　ハウジングを挿入します。
挿入・完成　　　　▼
　　　　　　　　　ブーツを挿入します。
　　　　　　　　　▼
　　　　　　　　　組立完成です。
　　　　　　　　　▼
　　　　　　　　　端面研磨を行います。

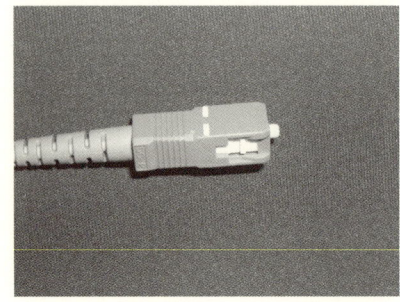

第9章
光コネクタ接続技術

端面研磨に必要な機器・工具等

外観検査装置
端面研磨後の外観検査用の装置鏡です。

研磨シート
研磨用のシートです。各研磨工程でその表目粗さが異なります。

SCコネクタ用研磨冶具
研磨をする際に、研磨工程に合わせた冶具を選択します。

FCコネクタ用研磨冶具
研磨をする際に、研磨工程に合わせた冶具を選択します。

自動研磨機
端面研磨を自動的に行う装置です。

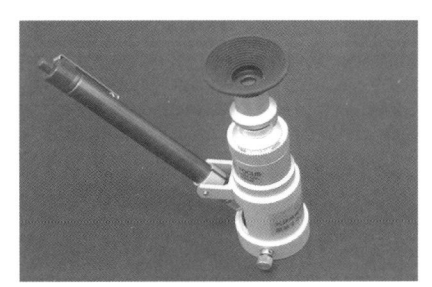

外観検査用顕微鏡
端面研磨後の外観検査用の顕微鏡です。照明装置も備えています。

第9章
光コネクタ接続技術

マニュアル研磨作業手順 1/2

手　順	作業内容

研磨工具の取り付け

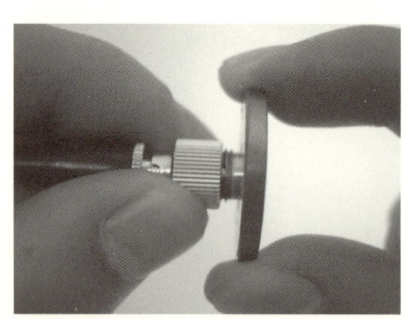

研磨工具の取り付け溝にコネクタのフェルールがスムースに挿入できることを確認してください。

接着剤除去

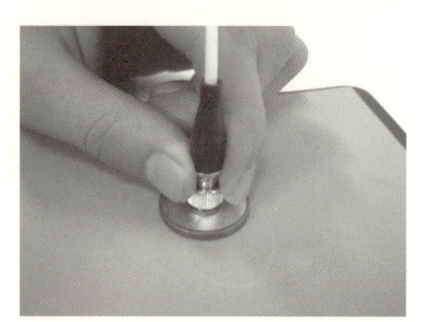

接着剤除去用研磨冶具（CR）を光コネクタに取り付けます。
▼
接着剤除去用研磨シート（GAM）を研磨板にセットします。
▼
直径30～50mmの円を描くように研磨板に押し付けて約12秒（2回/秒）研磨します。

球面成形

球面成形用研磨冶具（CR）を光コネクタに取り付けます。
▼
球面成形用研磨シート（DCM）を研磨板にセットします。
▼
直径30～50mmの円を描くように研磨板に押し付けて約50秒研磨します。

1・2次研磨

1次研磨用研磨冶具（CM）を光コネクタに取り付けます。
1次研磨用研磨シート（DRM）を研磨板にセットします。
蒸留水を研磨シートに少量垂らします。
▼
直径30～50mmの円を描くように研磨板に押し付けて約20秒研磨します。
▼
同様に2次研磨を行います（研磨冶具CM、研磨シートDMM）。

❗ 二次研磨フィルムからは、砥粉面が非常に微細になっているので、荒い研磨除去粉を持ち込むと、研磨フィルムが損傷します。コネクタ端面部をアルコールを浸したキムワイプで清掃してください。また、研磨シートも清掃してください。

156

第 9 章
光コネクタ接続技術

マニュアル研磨作業手順　　　　　　　　　　　　　　　　　　　　　　　2/2

手　順	作業内容	
仕上げ研磨	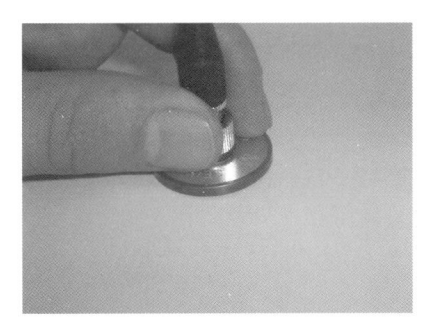	仕上げ研磨用研磨冶具(CF)を光コネクタに取り付けます。 ▼ 仕上げ研磨用研磨シート(AFM)を研磨板にセットします。 ▼ 蒸留水を研磨シートに少量垂らします。 ▼ 直径30～50mmの円を描くように研磨板に押し付けて約20秒研磨します。
検査	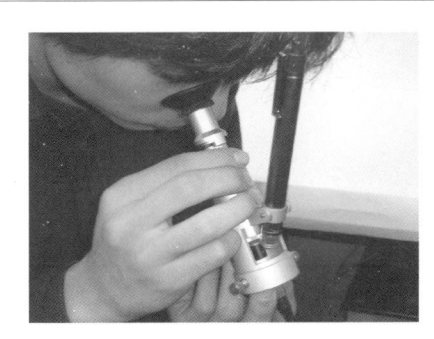	外観検査用の顕微鏡を用いて、フェルールの研磨面を検査します。光源との角度を調整し、様々な角度から検査をしてください。 ▼ 反射減衰量を測定し、研磨状態を確認します。

MEMO

第9章
光コネクタ接続技術

現場SCコネクタ組立に必要な工具等

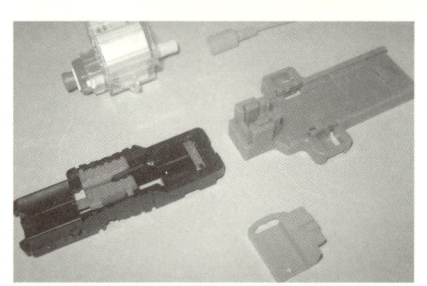

現場組立簡易工具(SC用)
現場組立SCコネクタを組み立てるための工具です。

光ファイバカッタ
高精度な切断を行うことができる光ファイバ専用カッタです。

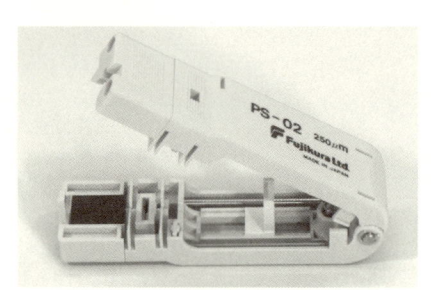

メカニカル光ファイバストリッパ
主に0.25mm心線の被覆を除去する際に用います。

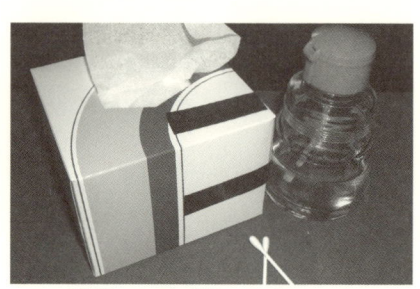

綿棒・ワイプ紙・エタノール
光ファイバの前処理をする際に用います。

第9章
光コネクタ接続技術

現場組立SCコネクタ作業手順　　　　　　　　　　　　　　　　　1/2

手　順	作業内容		
ブーツ挿入			あらかじめ素線にブーツを通します。
単心光ファイバフォルダへ心線をセット			心線を単心光ファイバホルダ「F」から40mm出して設置します。
光ファイバの口出し			しっかりと挟んで右側に引きます。
ファイバカット			隙間のないことを確認して、ファイバをカットします。

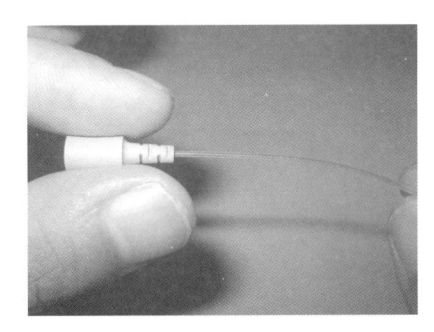

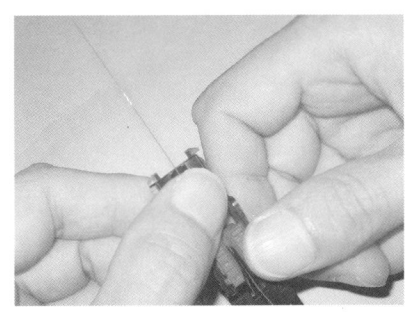

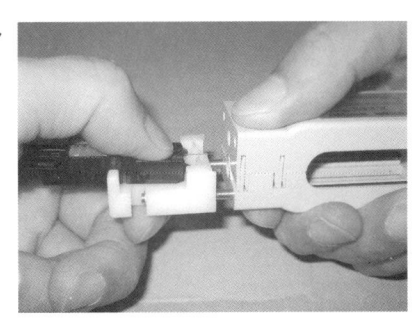

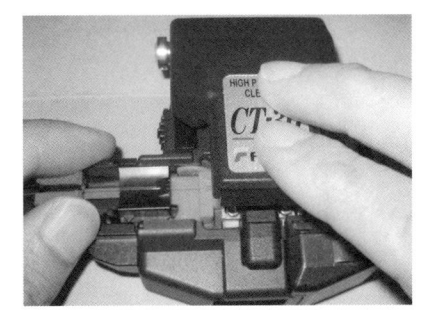

第9章
光コネクタ接続技術

現場組立SCコネクタ作業手順　　　　　　　　　　　　　　　　　　　　　2/2

手　順	作業内容	
コネクタ準備	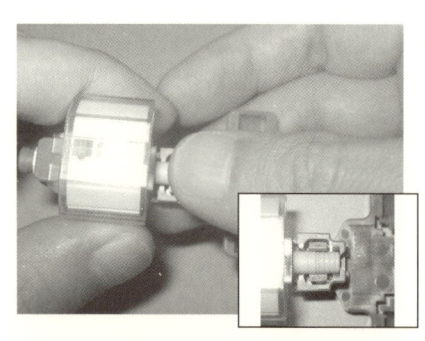	コネクタ本体を挿入ガイドに押し込みますコネクタを工具より取り出します。 ▼ コネクタ後ろ端が隙間なく挿入ガイドに入っていることを確認します。
コネクタ挿入		挿入ガイドの上を滑らせながらファイバ挿入します。
クサビ抜去	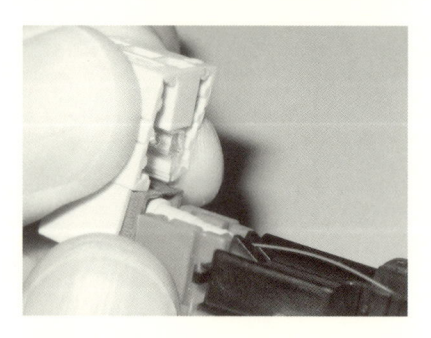	クサビ両側面をつまみ、クサビを抜きます。
ブーツ挿入・完了	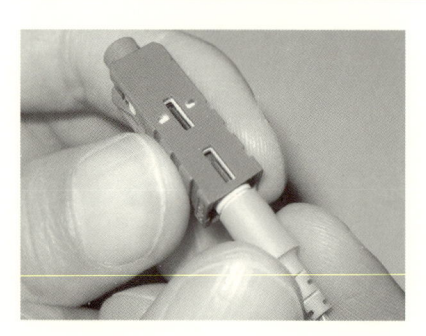	ブーツを押し込み、完成です。

160

第10章
光損失と測定技術

第10章
光損失と測定技術

光損失の定義

　光ファイバ内を伝搬する光は、伝搬する間に吸収や散乱などの要因によって減衰します。この減衰の度合いを光損失と呼んでいます。
　光損失は次式で定義されます。

$$L = -10\log\left(\frac{P_{out}}{P_{in}}\right) \text{ [dB]}$$

P_{in}：入力パワー、P_{out}：出力パワー

図10-1　光損失の定義

技術解説（光損失値の規定（ANSI/TIA/EIA568B））

　ANSI/TIA/EIA568-B.3では、マルチモード光ファイバ（50/125μm）の損失を最大3.50dB/km（850nm）、最大1.5dB/km（1300nm）と規定しています。シングルモード光ファイバの損失値は、最大1.0dB/km（1310及び1550nm）です（ANSI/TIA/EIA568-B.1）。また、光コネクタの損失値は最大0.75dB、融着接続損失を最大0.3dBと規定されています（ANSI/TIA/EIA568-B.3）。

施工時に生じる光損失と対策

● 光接続損失

　光ファイバ施工において、最も大きな損失要因は接続時に生じるものです。表10-1に接続損失の要因を示します。

第10章
光損失と測定技術

表10-1 接続損失の要因

原因	図
軸ずれ	
間隙	
端面傾斜	
フレネル反射	
コア径差	

■軸ずれ・角度ずれなどによる損失

　光ファイバの接続損失は、光ファイバ間の(1)軸ずれ、(2)角度ずれ、(3)端面間間隙の大きさに大きく影響されます。また、光ファイバの種類及び光源の入射モードの種類によっても異なります。

　図10-2に石英系シングルモード光ファイバにおける軸ずれ、角度ずれによる接続損失値の関係を示します。また、図10-3に光ファイバ端面間の間隙の影響について示します。

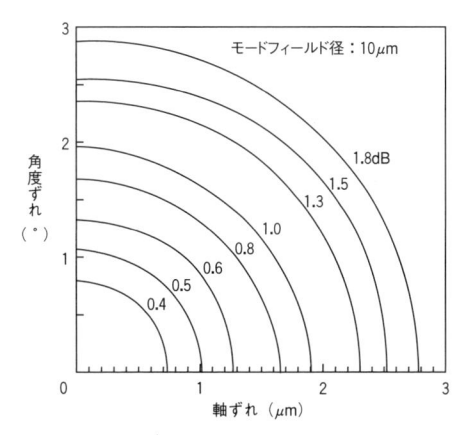

図10-2　軸ずれ・角度ずれによる接続損失

第10章
光損失と測定技術

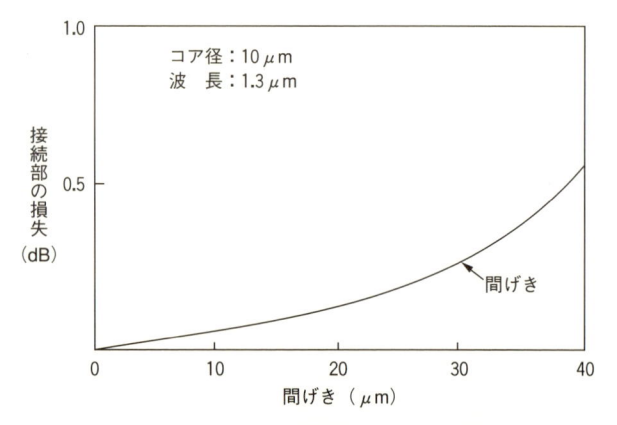

図10-3 光ファイバ間隙による接続損失

■構造パラメータのミスマッチによる損失

　光ファイバの構造パラメータにおける、コア径、コアの非円率、NA値などのミスマッチによって接続部の損失を生じます。

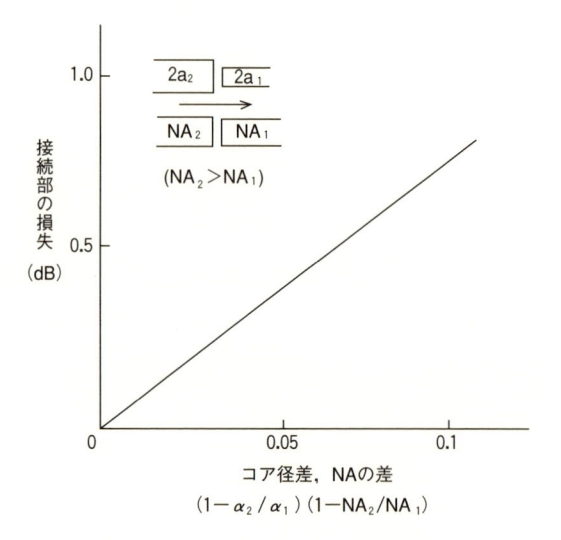

図10-4 コア径差、NAと接続損失

● フレネル反射による損失

　光コネクタの端面突合せ部では、端面の機械的加工精度などの条件によって、光ファイバ間に微小な間隙が生じます。このとき、光コネクタから出射された光は、ガラス〜空気〜ガラスと屈折率の異なる媒質を通過するため、媒質の境界面で反射が生じます。これをフレネル反射といいます。
　フレネル反射光のパワーPは次式で求められます。

$$P=\left(\frac{n_1-n_0}{n_1+n_0}\right)^2 P_r$$

P_r：反射点での伝搬光パワー、n_1：コアの屈折率、n_0：空気の屈折率

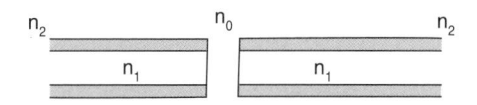

図10-5　フレネル反射

> **事例**
>
> 光ファイバのコアの屈折率を1.46、空気の屈折率を1.0としたとき、フレネル反射損失は次のように求められます。
>
> $$P_f = \left(\frac{n_1-n_2}{n_1+n_2}\right)^2 P_1$$
> $$= \left(\frac{1.46-1.0}{1.46+1.0}\right)^2 P_1$$
> $$= 0.035 P_1$$
>
> 従って、光ファイバとコアの空気間のフレネル反射は約-15dBとなります。

　フレネル反射を減少させるためには、光ファイバ端面同士を完全に接触させる必要があり、端面形状およびその精度を高度に仕上げる必要があります。また、屈折率整合剤を用いてフレネル反射を減少させることもできます。

● **過度の曲げによる損失**

　光ファイバに過度の曲げが生じると、損失値が増大するとともに長期的信頼性が低下します。

光損失測定法

　光ファイバ施工時における光損失測定法には、透過法と後方散乱光法の２つの方法があります。透過法は光ファイバを伝搬する光の減衰量を直接測定する方法で、カットバック法、挿入損失法があります。後方散乱光法は、レイリー散乱による後方散乱光の減衰量を測定する方法です。

第10章
光損失と測定技術

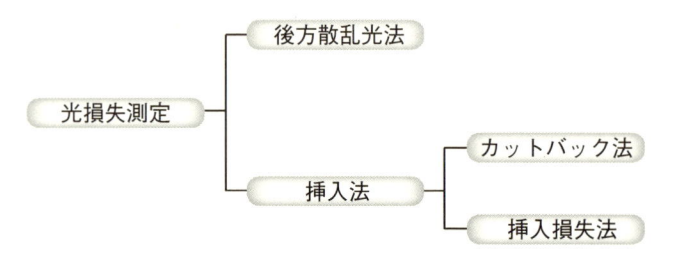

図10-6 損失測定法の種類

● カットバック法

カットバック法（cut-back method）とは、伝送損失を厳密に測定する必要がある場合に用いられる方法です。

■光損失の測定

ここでは、カットバック法による光損失測定法を見ていきます。以下のような作業手順で行います。

【STEP 1】

図10-7(1)のように光源、励振器、被測定光ファイバ及びパワーメータを接続します。

【STEP 2】

被測定光ファイバからの出射パワーをパワーメータで測定します（P_1 [dBm]）。

【STEP 3】

励振状態を固定しておき、被測定光ファイバをカットバック長（例：入射側から約2mの位置）で切断し、その出射パワーを測定し、被測定光ファイバの入射パワーとします（P_2 [dBm]）。

【STEP 4】

P_1、P_2の値より求める伝送損失Pを次式により求めます。

$$P = \frac{P_2 - P_1}{L} \text{ [dB/km]}$$

L：被測定光ファイバ長 [km]

第10章
光損失と測定技術

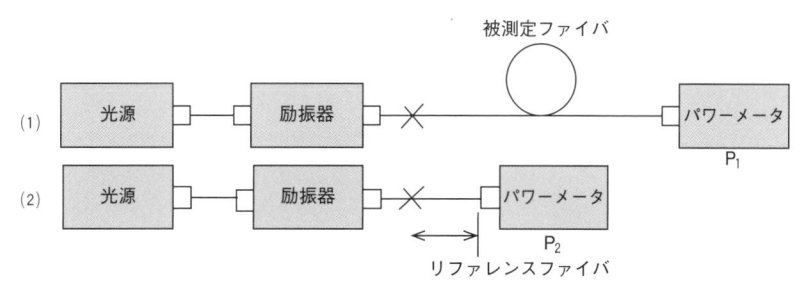

図10-7 カットバック法

● 挿入損失法

挿入損失法(insertion loss method)は、カットバック法と比べて精度は劣りますが、ファイバを切断することなく測定ができるため、現場での測定試験法として有効です。

ここでは、挿入損失法による測定法を見ていきます。以下ような作業手順で行います。

【STEP 1】
図10-8のように基準光ファイバを測定器に接続し、光のパワーP_1を測定します。このとき、基準光ファイバには被測定光ファイバと同一の種類とし、またその損失を無視できるように短くします。

【STEP 2】
被測定ファイバを光源とパワーメータに接続し、光パワーP_2を測定します。

【STEP 3】
被測定ファイバの伝送損失Pを次式により求めます。

$$P = P_1 - P_2 \quad [\text{dB}]$$

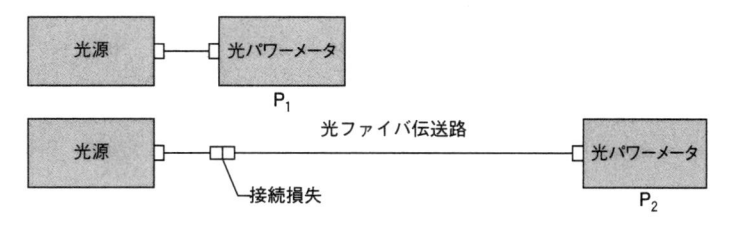

図10-8 挿入損失測定法

第10章
光損失と測定技術

● OTDR法

　OTDR法（optical time-domain reflectometry）は、光ファイバ内の後方散乱光を検出し、光損失測定、障害点検出、接続損失、線路損失などを測定する方法です。カットバック法と比較して測定精度は劣りますが、伝送損失を測定するだけでなく、接続損失、線路長及び光ファイバの異常点までを容易に測定することができます。フィールドでの線路損失測定や保守などに一般的に用いられている測定法です。

● ビットエラーレート測定

　ビットエラーレート測定は、光通信システムにおいて最も基本的な測定項目のひとつです。ディジタル伝送のシステムパフォーマンスを表現するとき、受信されたビットに誤りが生じる確率として定義されます。この確率は、BERT（Bit Error Ratio Tester）などの測定装置を用いて計測されます。
　ビットエラーレートは、次式で定義されます。

$$BER＝（受信エラービット数）／（送信ビット数）$$
$$＝（測定周期の間のエラー数）／（ビットレート×測定周期）$$

　図10-10のように、BERテストシステムはクロックソースを内蔵するパターンジェネレータとエラーディテクタから構成されています。テストパターンとして、実際のデータ伝送に近い擬似ランダム・バイナリ信号（PBRS: Pseudo Random Binary Sequence）を用いて、パターンジェネレータとエラーディテクタの両者で正確な同一パターンを生起させ、伝送路でエラーが生じた場合、ディテクタでパリティチェックを行い、エラーを検出します。

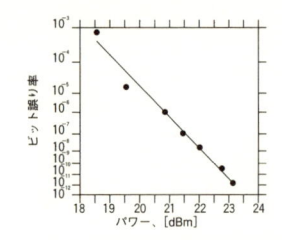

図10-9　ビットエラーレートと受信感度

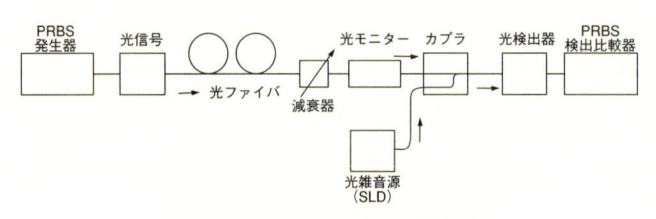

図10-10　光システムの測定系

光線路の測定・試験

● 光線路測定の種類

　光ケーブル施工時における測定項目は、表10-2のように(1)光伝送路特性試験、(2)光ケーブル確認試験に分けられます。

表10-2　測定及び試験項目

測定目的	測定時期	測定及び試験項目	試験方法	使用機器等
光伝送路特性試験	施工後	接続損失測定	OTDR法により、接続損失を測定、確認する。	光パルス試験器
		伝送損失測定	挿入損失法により、契約施工区間全線の伝送損失を測定する。	光源・光パワーメータ
光ケーブル確認試験	施工中	気密試験	クロージャに石鹸水等を塗り、内部に規定の圧力を加え、漏れのないことを確認する。	加圧装置
		ケーブル対照	施工対象となるケーブルを識別する。	光ケーブル識別装置
		心線対照	施工対象となる心線を識別する。	IDテスタ 可視光源
		死活判別	施工対象となる線路の死活（使われているか、使われていないか）判別をする。	IDテスタ

接続損失測定
　光線路区間（工事契約区間）の接続損失をOTDR法により測定します。

伝送損失測定
　接続損失測定と同様に、工事契約区間の伝送損失測定を行います。光源及び光パワーメータを用いた挿入損失測定法により測定します。OTDR法によっても測定が可能です。

気密試験
　気密試験は、クロージャの水密性を検査するために行います。点検穴から窒素ガス等をクロージャ内に圧力を98.1kPa（1 kgf/cm）±10%になるまで充填し、クロージャのシール部に石鹸液を塗布してガス漏れの有無を目視により確認する方法です。

ケーブル対照試験
　光ケーブル接続等の作業前に、作業対象となる光ケーブルを識別するために行う試験です。

心線対照試験
　光ケーブル中の接続対象心線を識別する試験です。

第10章
光損失と測定技術

死活判別試験
　　　作業対象心線が現在使われているかどうか確認するための試験です。

● 測定・試験手順

　ここでは、光ケーブルを敷設完了後の測定・試験手順を見ていきます。
測定・試験作業は図10-11のような手順になります。

```
接続損失及び伝送損失の規格値の確認
          ▼
施行現場における測定及び試験の準備
          ▼
    測定及び試験の概要把握
          ▼
      測定及び試験の実施
          ▼
  測定及び試験データの最終確認
```

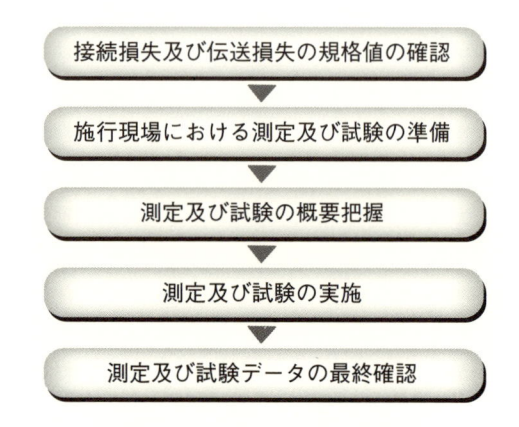

図10-11　測定・試験の手順

【STEP1】測定・試験の準備
　　測定・試験を行う前の準備として、接続損失及び伝送損失値が定められている場合にはその値を確認します。また、測定・試験に必要な測定器等の準備、測定を行う線路の両端の連絡手段を確保します。

> ⚠ 安全上の注意を厳守すること。

【STEP2】測定・試験の概要把握
　　測定・試験の概要を確認します。これから行う測定が何を目的としたものであるかを十分に理解すると共に、その試験法についても十分に理解しておく必要があります。さらに使用波長等の測定パラメータの確認や試験線番の把握等をしなければなりません。

【STEP3】測定・試験の実施
　　測定・試験を実施します。また、試験報告書の作成時に必要な項目を記入します。測定中は、作業が手順どおりに行われているか、などに注意しなければなりません。

第10章 光損失と測定技術

> 測定作業時は以下のことに注意すること。
> - 測定器から出射されるレーザ光を覗き込まないこと。
> - レーザの安全基準に従った対策を講じること。
> - 測定場所が、道路等にかかるときは「道路工事保安施設設置基準」を準用すること。
> - マンホール等での作業時には、酸欠対策等の安全対策を徹底すること。

【STEP 4】測定・試験データの確認

測定・試験終了後は、試験データが信頼できるものかどうかの確認を行います。光損失試験の場合は、光伝送路損失許容値と光伝送路損失測定値は、次式を満足する必要があります。

$$光伝送路損失測定値 < 光伝送路損失許容値 \quad [dB]$$

測定値が許容値よりも大きい場合には再工事が必要となります。

【STEP 5】報告書の作成

所定の様式により報告書を作成します。

測定・試験は敷設完了後の試験だけではなく、光ケーブル敷設作業の進行に合わせて各種の試験を行うことが重要です。これにより、トラブルを防ぐことができるとともにトラブルシューティングを容易にすることができます。

光配線フィールド試験法

ここでは、主に水平光配線の試験法について見ていきます。

> 光配線の効果的な試験を行うためには、以下のことに注意すること
> - テストジャンパは、測定システムと同じ光ファイバ及びコネクタの種類を使用すること。
> - パワーメータ及び光源は同じ波長に設定すること。
> - 光源またはOTDRによるシングルモード光ファイバの試験では、波長1310nm＋10nmまたは1550nm＋20nmの範囲で動作すること（ANSI/TIA/EIA-526-7）。
> - 光源またはOTDRによるマルチモード光ファイバの試験では、波長850nm＋30nmまたは1310nm＋20nmの範囲で動作すること（ANSI/TIA/EIA-526-14）。
> - 測定の前には全てのコネクタ、アダプタを適切に清掃すること。

第10章
光損失と測定技術

● 光損失測定

　光ケーブルの成端箇所間の光損失試験法は、ANSI/TIA/EIA-526-7（シングルモード光ファイバの場合）及びANSI/TIA/EIA-526-14（マルチモード光ファイバの場合）で規定されており、次の３つの方法があります。

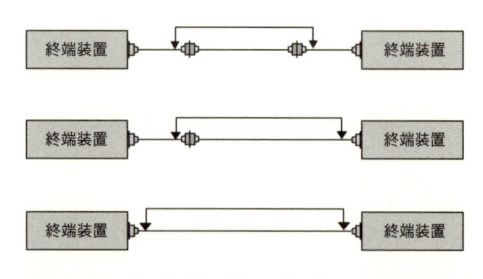

図10-12　損失測定試験方法（TIA/EIA526-7）

■１ジャンパ法
　２つのパッチパネル間の標準的なシステム損失測定を行う一般的方法です。中～長距離線路の測定に用います。

■２ジャンパ法
　パッチパネル１つだけを含むシステム損失測定を行う方法です。短距離線路の測定に用います。

■３ジャンパ法
　パッチパネルを含まない機器システムの損失測定を行う方法です。長距離線路の測定に用います。

● １ジャンパ試験法

　ここでは、１ジャンパ試験法について見ていきます。以下のような作業手順で行います。

【STEP１】
　光源及びパワーメータの電源を入れ、光源の安定化を行います。

【STEP２】
　ジャンパ１を光源及びパワーメータに接続します。

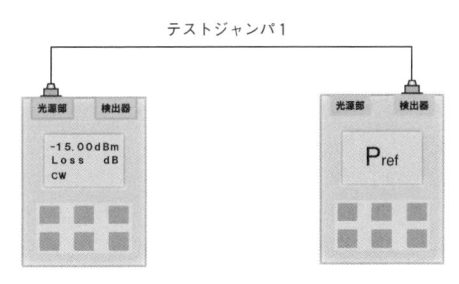

図10-13　ジャンパ1の接続

【STEP 3】
　　光出力をONし、基準パワー値Prefを測定します。

> これ以降、光源側のコネクタを取り外さないこと。測定値が正しく求められない可能性があります。

【STEP 4】
　　アダプタを使用して、図10-14のようにジャンパ2を挿入します。

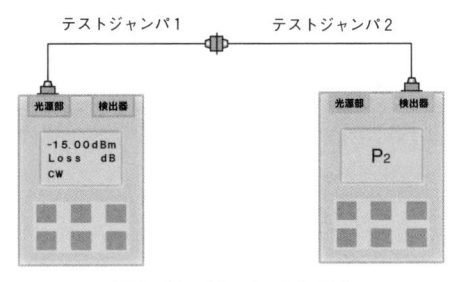

図10-14　ジャンパ2挿入

【STEP 5】
　　このときの測定値をP2とします。

【STEP 6】
　　次式を満たすことを確認します。
　　　　　　Pref−P2　＜　0.75dB
　　0.75dBはANSI/TIA/EIA568-B.3で規定された値で、光コネクタペアの保証損失最大値で置き換えることも可能です。
　　もし、上式を満足しない場合は次のことを行います。
　(1)　全てのコネクタの清掃を行う（光源部除く）。
　(2)　(1)を行っても満足しない場合は、ジャンパ2を取り替えること。

第10章
光損失と測定技術

【STEP 7】
ジャンパ1とジャンパ2の間に、被測定光ファイバを挿入します。

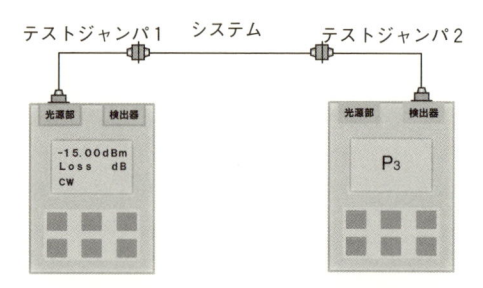

図10-15 被測定光ファイバの挿入

> このとき、パワーメータ及び光源の電源をOFFにしないこと。

【STEP 8】
このときの測定値をP3とします。

【STEP 9】
次式により、測定値が求められます。
$$損失値(dB) = Pref - P3$$

測定器の種類

測定・試験を行う際に用いられる機器を図10-16に示します。

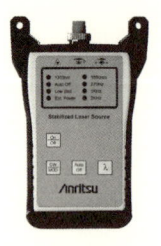

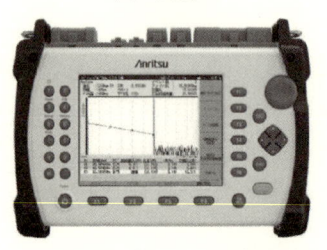

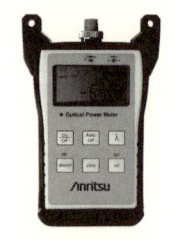

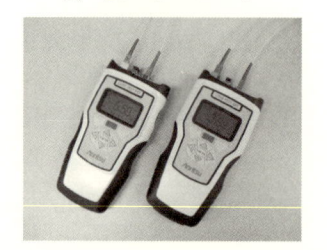

(a) 光源
(b) 光パワーメータ
(c) OTDR(光パルス試験機)
(d) 光ロステストセット(OLTS)

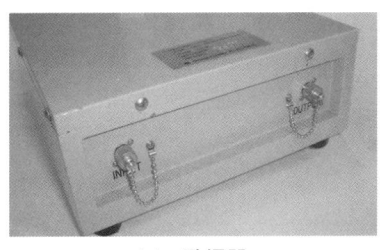

第10章
光損失と測定技術

(e) 励振器 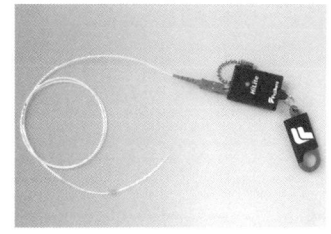　　　　　　　　　(f) 可視光源
図10-16　測定器の種類

光源
　　光パワーメータとともに光損失の測定に用いられるもので、損失測定用の光源には、通常安定化光源を用います。安定化光源の発光素子として半導体レーザ（LD）と発光ダイオード（LED）があります。

光パワーメータ
　　光パワーメータは光の測定において、光源とともに最も基本的な測定器です。

OTDR
　　光パルス試験器とも呼ばれ、光ファイバシステムの建設や保守に欠かせない測定器です。光通信線路の全損失・区間測定・線路長などが測定できます。

光ロステストセット
　　LED/LD光源と光パワーメータを一体化したハンディタイプの光損失測定器です。また、光反射率測定器としても使用できます。フィールドでの測定に適しています。

励振器
　　励振器は、マルチモード光ファイバの測定時にモード変換が発生し、光の入射状態により測定値が変化することがあるため、伝搬モードの光パワー分布が変わらないようにするために用います。励振器を用いず、被測定光ファイバと同じ光ファイバを小さな曲率半径で周期的に曲げてモード変換を十分に起こして実現する方法（モードスクランブラによる方法）もあります。
　　シングルモードファイバの場合は、伝搬モードが1つであるため、高次のモードは入射端から1m程度のところで十分に減衰し、無視できるようになるので、シングルモードファイバの場合には1～2m程度のシングルモードファイバを励振器として用います。

可視光源
　　光ファイバの導通試験用の可視光源です。

第10章
光損失と測定技術

光電話機
　工事を行う際に、光ファイバをクリップで挟むだけで簡単に通話回線の確保ができる機器です。心線の切断の必要がないため、誤切断等の事故を防ぐことができます。

測定・試験データの管理

　工事完了時には、光通信回線の維持、管理を行うための「測定・試験報告書」を作成し、管理する機関に提出します。「測定・試験報告書」には次の事項を記載することが必要です。
- 光ファイバケーブルシステムの区分（基線、幹線、本線、支線、その他）
- 光ファイバケーブルルートの名称及び施工区間距離
- 光ファイバケーブル起点の名称及び起点からの距離
- 光ファイバケーブルの線種及び心線数
- 施工区間の設計上の損失値及び接続箇所数
- 光ファイバケーブルの接続損失及び伝送損失記録表
- 管理を担当する機関の名称
- 工事施工条件等
- 発注担当機関及び監督担当機関
- 工事施工業者及び現場代理人、監理（主任）技術者
- 工事施工期間

　また、光ケーブル製造時の試験データも同時にファイルして提出する必要があります。

レーザの安全基準

　光ファイバの測定においては、安全に十分注意する必要があります。特に、測定器からレーザ光が出射される場合には、レーザ製品のクラスにより次のような安全対策を施さなければなりません。

クラス1
　設計上、安全とされるレーザです。

クラス2およびクラス3A
　400～700nmの波長の範囲で放出されるレーザで、本質的には安全ではありませんが、通常、目の瞬きの反射作用を含む嫌悪反応によって目の保護ができます。従って、安全予防策は、直接ビームを続けて見ることを防ぐことだけで構いません。ただし、次のことは避ける必要があります。

第10章
光損失と測定技術

- 目の高さでレーザを扱うこと。
- 直接ビームを覗き込むこと。

このクラスのレーザ製品にはレーザ警告表示がつけられています。

クラス３Ｂ

直接ビーム又は鏡面反射光を裸眼で観察したときに極めて重大な危険性があります。従って、直接ビームを観察することを避けると共に、鏡面反射の管理のため、次の安全予防策を講じなければなりません。

- 管理区域内のみで扱うこと。
- 管理区域入り口には、正規のレーザ警告標識を提示すること。
- 偶然の鏡面反射を防ぐために、注意を払うこと。
- ビームはその有効路の端末で確実に終端させること。
- 直接又は鏡面反射ビームのいずれかを観察する場合には、目の保護具をつけること。

クラス４

クラス４のビームは、直接ビーム又はその鏡面反射及び拡散反射でも障害が生じる可能性があります。また、火災の危険性もあります。従って、クラス３Ｂにおける安全予防策に加えて次のような管理が必要です。

- ビーム光路は、できる限り囲うこと。
- レーザ運転中、レーザ周辺への立ち入りは、適切なレーザ保護めがねと保護着衣を着けた者に限定すること。
- できる限り遠隔制御によって運転すること。

新基準

クラス１：安全
クラス１Ｍ：光学機器を使用しての観察は禁止
クラス２：可視光の範囲で、目の嫌悪反応で安全
クラス２Ｍ：光学機器を使用しての観察は禁止
クラス３Ｒ：従来の３Ａ
クラス３Ｂ：従来どおり
クラス４：従来どおり
※クラスが高くなればなるほど危険性も増す。

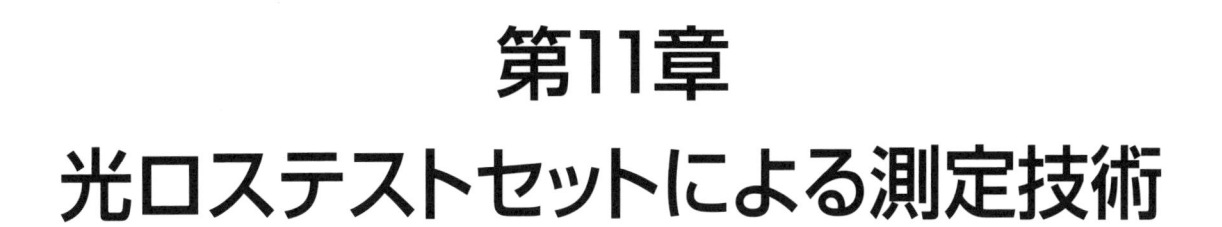

第11章
光ロステストセットによる測定技術

第11章
光ロステストセットによる測定技術

光ロステストセットの概要

　光ロステストセット（OLTS：Optical Loss Test Set）とは、光信号を光ファイバに入力する機能と光ファイバからの信号強度を測定する機能をあわせ持つ測定器です。つまり、光源と光パワーメータが1つの測定器に組み込まれています。

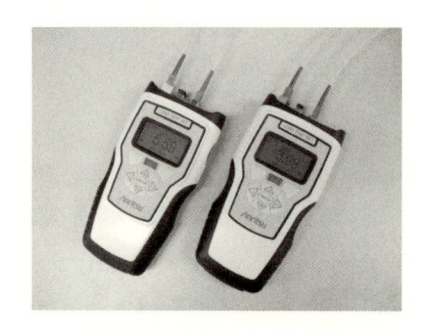

図11-1　光ロステストセット（アンリツ㈱）

　光ロステストセットの構造は図11-2のようになります。

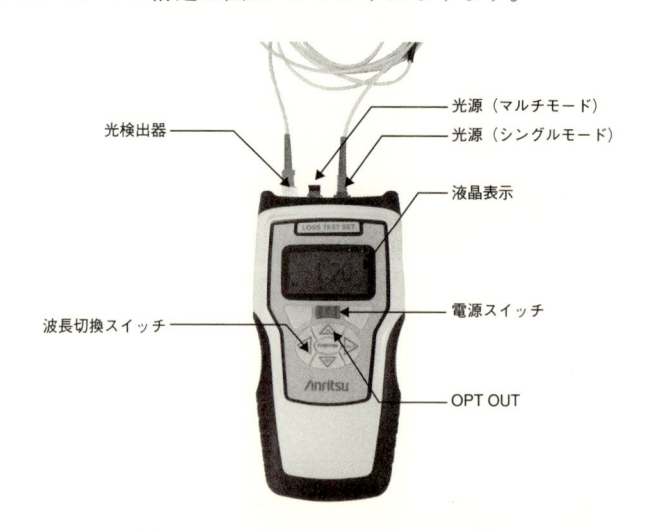

図11-2　光ロステストセットの構造

第11章
光ロステストセットによる測定技術

● 主な機能

図11-3のように、OLTSの機能には、主に(1)光損失測定機能、(2)反射減衰量測定機能、(3)光ファイバの心線対照機能があります。

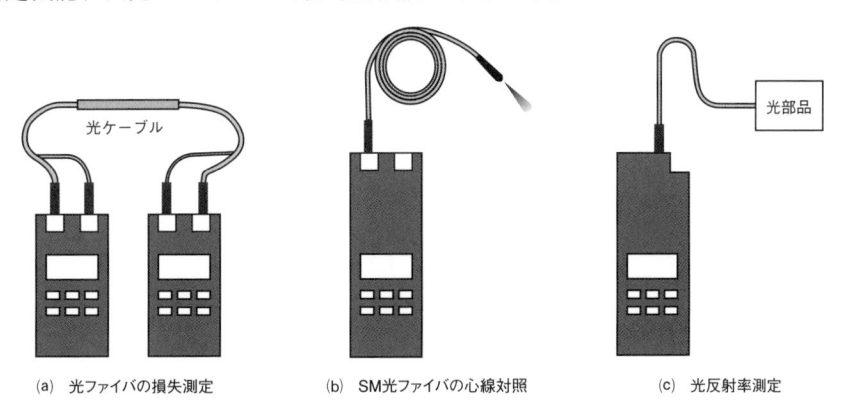

(a) 光ファイバの損失測定　　(b) SM光ファイバの心線対照　　(c) 光反射率測定

図11-3　光ロステストセットの主な機能

測定法

ここでは、光ロステストセットを用いた光測定法を見ていきます。

> 光コネクタ及びレセプタクル側の清掃を必ず行うこと。また、光源部のコネクタ着脱時には必ず光出力をOFFすること。

● 光損失測定

ここでは、光損失測定の手順を見ていきます。

【STEP 1】
図11-4のようにOLTSを接続します。

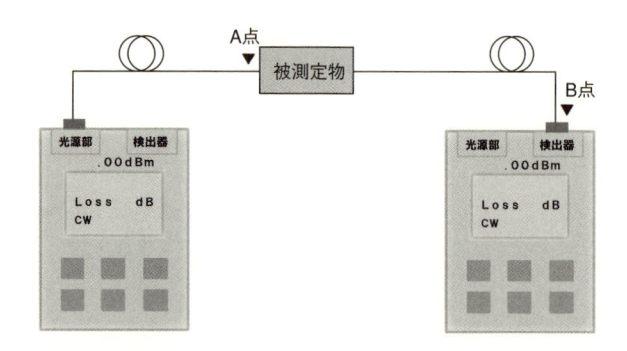

第11章
光ロステストセットによる測定技術

図11-4　光損失測定

【STEP 2】
　電源を投入します。

【STEP 3】
　保護キャップを閉め、光入力を遮断し、ゼロ点調整を行います。

【STEP 4】
　測定する光を入射します。

【STEP 5】
　A点での光パワーレベルをP_A、B点での光パワーレベルをP_Bとすると、被測定物の光損失P_cは、$P_c = P_A - P_B [\mathrm{dB}]$となります。

● 漏洩光の検出

　ここでは、漏洩光の測定の手順を見ていきます。

【STEP 1】
　図11-5のようにOLTSを接続します。

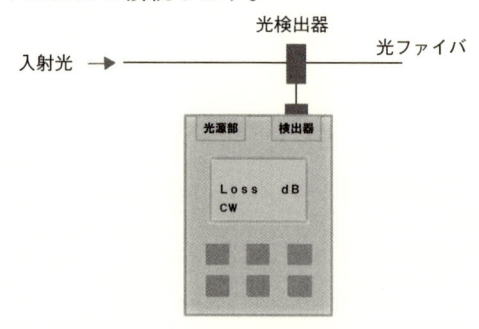

図11-5　漏洩光測定

第11章 光ロステストセットによる測定技術

【STEP 2】
　　LD光源から−3dB以上の光を光ファイバ心線に入射します。

【STEP 3】
　　被測定光ファイバ心線を取り出し、漏光を測定する箇所の光ファイバ心線を光検出器でクランプし、漏洩光を測定します。

● 反射率の測定

　　ここでは、反射率測定の手順を見ていきます。

【STEP 1】
　　図11-6のようにOLTSを接続します。

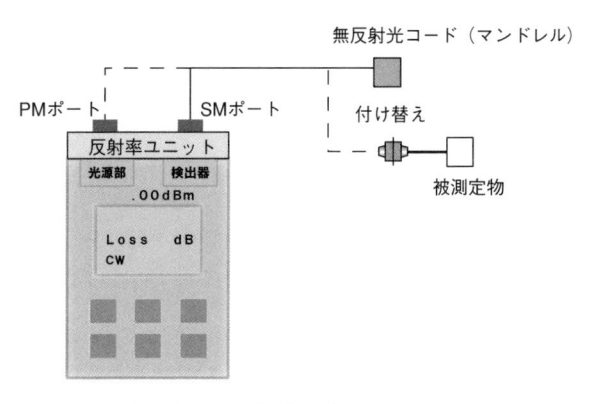

図11-6　反射率測定

【STEP 2】
　　電源を投入します。PMポートとSMポートを接続して、出力レベルを測定します。

【STEP 3】
　　無反射光コード（マンドレル）を接続します。

【STEP 4】
　　無反射時の反射率を測定します。

【STEP 5】
　　無反射光コードをはずし、被測定物を接続し測定します。このとき、光ファイバコード等に遠端反射がある場合には、マッチングオイルを端面に塗布するなどして、反射を除去してください。

第11章
光ロステストセットによる測定技術

● 導通試験

ここでは、導通試験の手順を見ていきます。

【STEP 1】
　図11-7のようにOLTSを接続します。

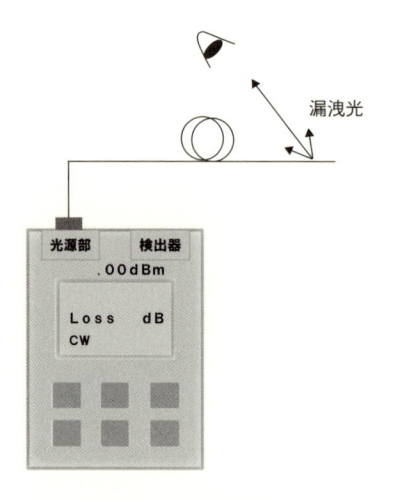

図11-7　導通試験

【STEP 2】
　電源を投入します。その後、コネクタ端面の清掃を行い、光出力部に被測定光ファイバを接続します。

【STEP 3】
　光を出力します。

【STEP 4】
　光ファイバ心線から漏れ、散乱する光を目視により確認します。このとき、入射光を連続光ではなく、点滅させることでより目視により確認しやすい状態となります。

第11章
光ロステストセットによる測定技術

光損失・光反射率測定に必要な工具等

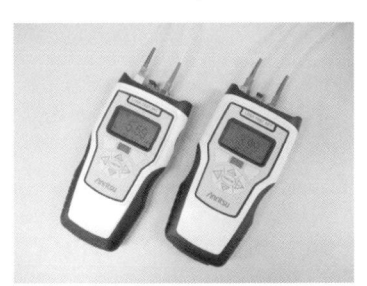

光ロステストセット
光ファイバの損失及び光コネクタ、光デバイスの反射率をワンタッチで測定可能です。

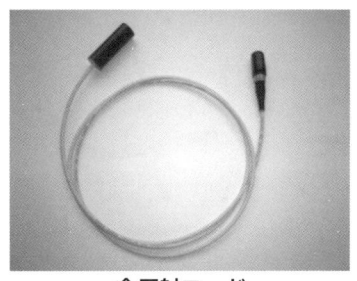

全反射コード
反射率測定時の基準を取るときに用います。(本例では出力パワーを測定することで代用)

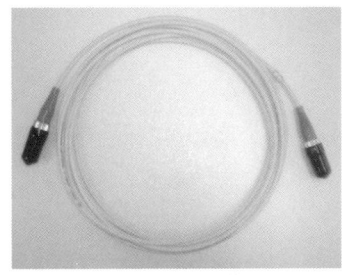

マスタコード

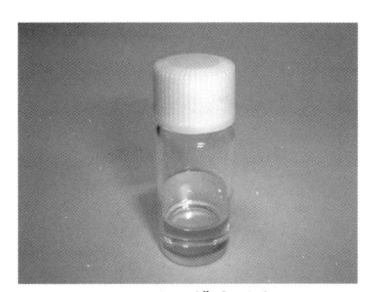

マッチングオイル
コネクタ端面に塗布し、反射を抑えます。

アダプタ

第11章
光ロステストセットによる測定技術

相対値測定作業手順　　　　　　　　　　　　　　　　　　　　　　　1/2

手　順	作業内容
零点調整 （オフセット）	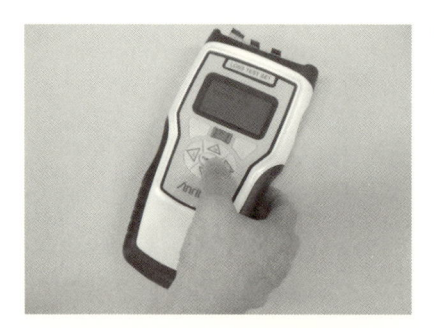 OLTS本体の電源スイッチを投入します。 ▼ 検出器側を遮光し、零点調整を行います。
光出力部の清掃	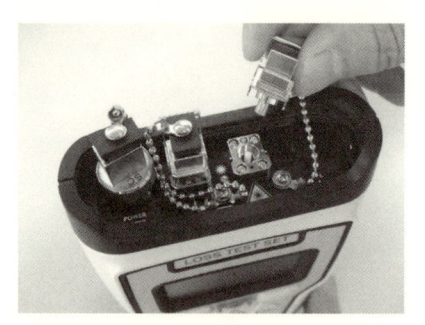 光アダプタのレバーを手前に引き上げ、はずし、光出力部を清掃します。 ▼ レバーを上に上げた状態でフェルールに光アダプタを差し込みます。このとき本体側の穴と光アダプタのガイドピンの位置を合わせて挿入します。 ▼ カチッと音がするまでレバーを下方へ下げると、レバーはロック固定されます。 ❶ フェルール先端を傷つけないよう注意すること！
光コネクタの清掃	 光コネクタクリーナを用いてコネクタ端面を清掃します。
基準ファイバの接続	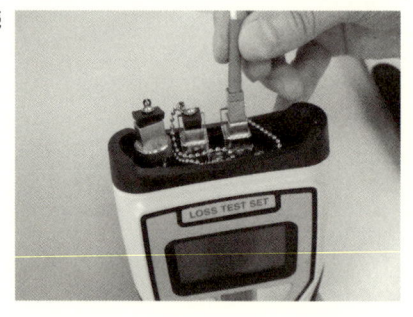 送信側の光源及び受信側の検出器に測定の際に使用する基準光ファイバを接続します。

第11章
光ロステストセットによる測定技術

相対値測定作業手順　2/2

手　順	作業内容
基準値の設定	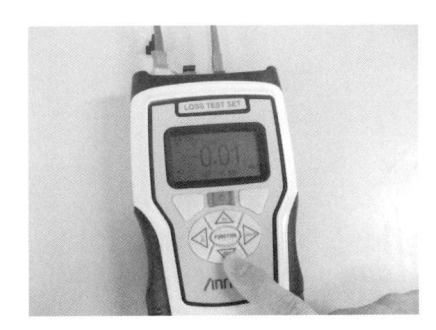 基準値の設定をします。
被測定光ファイバの接続	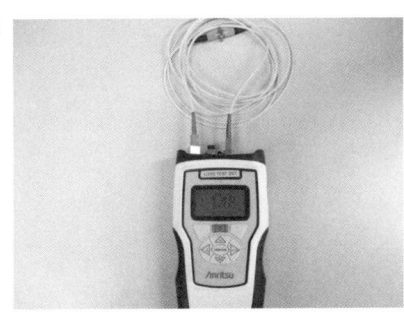 被測定光ファイバを接続します。
測定	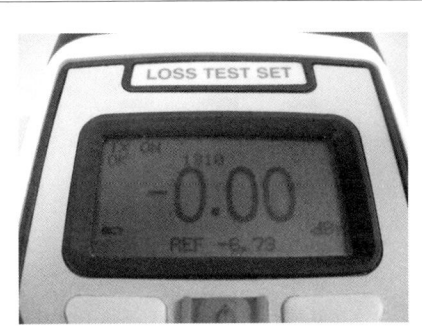 光を出力します。 ▼ 受信側の表示部に前項で設定した基準値と、受信したレベルとの差が表示されます。 表示値＝（受信レベル）－（基準レベル）

MEMO

第11章
光ロステストセットによる測定技術

反射率の測定作業手順　　　　　　　　　　　　　　　　　　　　　　　　　1/2

手　順	作業内容		
反射減衰量選択			"ハンシャゲンスイリョウ"を選択します。
出力パワー測定			PMポートとSMポートを接続します。
			出力パワーを測定します。
マンドレルリファレンス測定			マンドレルにパッチコードを6〜8回巻きつけマンドレルリファレンスを測定します。

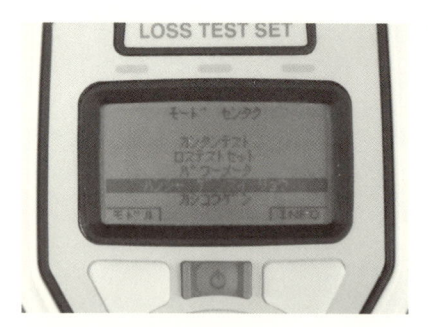

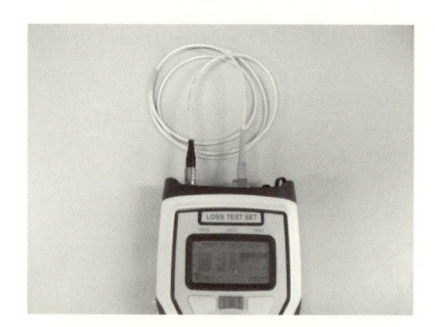

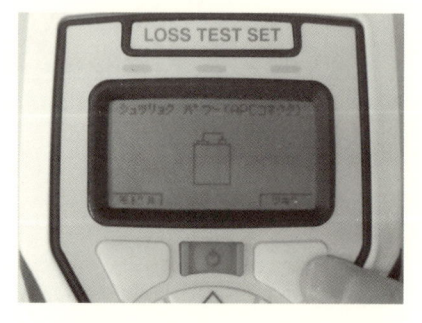

第11章
光ロステストセットによる測定技術

反射率の測定作業手順　　　　　　　　　　　　　　　　　　　　　　　　　　2/2

手　順	作業内容
光反射減衰量測定	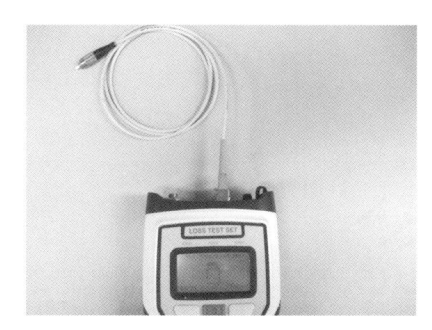 被測定ファイバを接続。
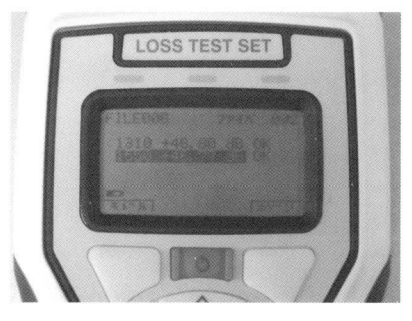	光反射減衰量を測定します。

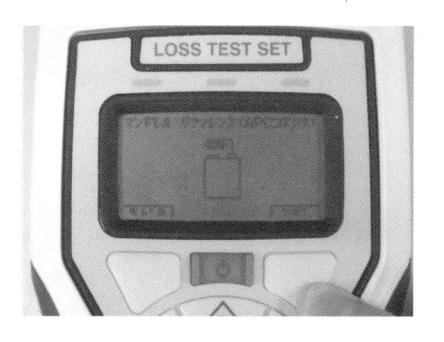

MEMO

第12章
OTDR法による測定技術

第12章
OTDR法による測定技術

OTDRの概要

OTDR（Optical Time Domain Reflectmeter）は光パルス試験器とも呼ばれ、後方散乱光法により光ファイバの伝送損失を測定する測定器です。

主に次の用途で用いられます
(1) 光ファイバの損失測定と距離測定
(2) 接続損失測定と反射減衰量測定
(3) 伝送損失測定と破断点の検索

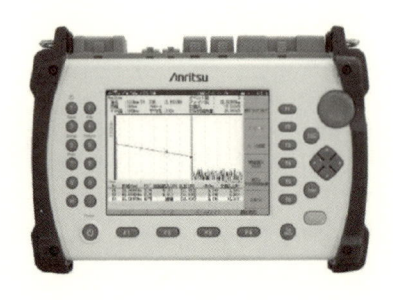

図12-1　OTDR（アンリツ㈱）

OTDRの構成

OTDRの構成は図12-2のようになっています。光源（LD）から出射された光は、方向性結合器を通して光ファイバに入射されます。入射端側に戻ってきた後方散乱光やフレネル反射光は、方向性結合器によって入射光と分離されます。分離された光信号は、電気信号に変換された後に、微弱な後方散乱光のSN比を改善するために平均化処理を行い、対数増幅器を介して、測定結果が画面に表示されます。

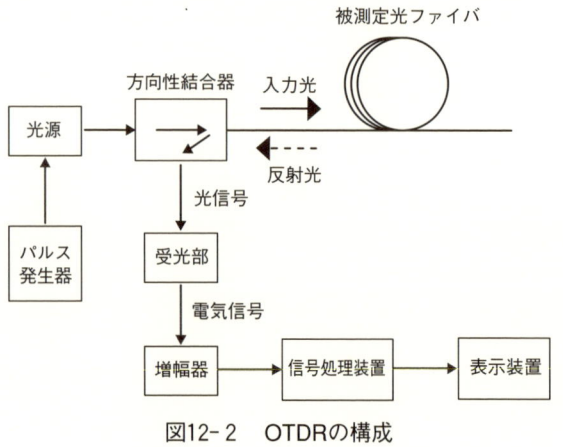

図12-2　OTDRの構成

第12章
OTDR法による測定技術

OTDR法の原理

　OTDR法は後方散乱光法とも呼ばれます。この方法は、コアの屈折率の不均一分布により伝搬する光が散乱されて生じるレイリー散乱光のうち、入射端側に戻ってくる後方散乱光や、光ファイバの局所的な屈折率の段差により発生するフレネル反射を計測し、測定を行う方法です。

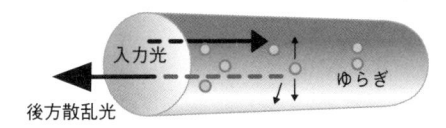

図12-3　後方散乱光

● OTDR法による測定波形

　OTDR法による得られる測定波形は図12-4のようになります。図12-4の横軸は光パルスの伝搬時間、縦軸は受光パワーを示しています。
　波形の始点側（入射端）では、発光素子からの漏洩光や入射端のコネクタによるフレネル反射によるパルス状の波形が観測されます。遠端側では距離に応じて右下がりの直線が観測されます。これは、光ファイバの長手方向に対して伝搬時間に比例して受光パワーが減少しているもので、レイリー散乱光による光損失に対応します。接続点がある場合には、レイリー散乱光量に差が生じるため、段差が生じます。この段差は、光のパワーが失われる接続損失に対応します。また、コネクタによる接続点では、フレネル反射による強い反射光が発生するため、山型の波形が生じます。
　OTDR法は、これらフレネル反射光やレイリー後方散乱光の光パワーと、その到達時間を測定することにより光損失や接続損失の測定および破断点の検出を行います。
　実際の光線路は、光線路全長にわたって、必ずしも光ファイバ損失や比屈折率差が等しくありません。従って、接続点の損失測定の場合は、光線路の両端から測定し、平均値を採ることにより、後方散乱光のレベル差による影響を少なくする必要があります。

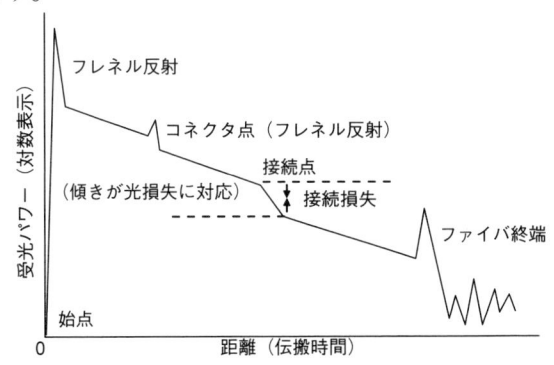

図12-4　OTDR法による測定波形

第12章
OTDR法による測定技術

　ここでは、OTDR法による距離の測定、接続損失の測定、反射減衰量の測定の原理について見ていきます。

● 距離の測定原理

　OTDR法を用いたとき、光ファイバ長をL、真空中の光速をC、群屈折率をn、到達時間をtとすると

$$2L = \frac{C}{n} \cdot t$$

の関係が成り立ちます。
　従って、測定距離Lは次式により求められます。このとき、測定パラメータnを正確に入力しなければ正しい距離を求めることができません。

$$L = \frac{C \cdot t}{2 \cdot n}$$

● 接続損失の測定原理

　接続損失は、図12-5のように測定データから2本の直線L_1、L_2を求め、これら2本の直線と接続点に引いた垂直線と交わる点からを求めます。

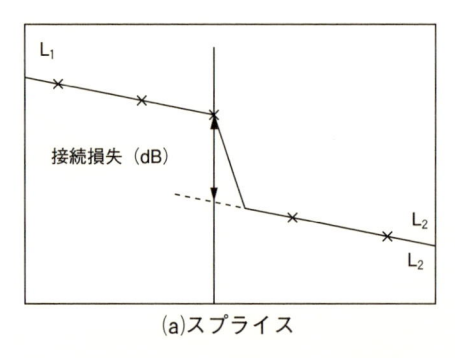

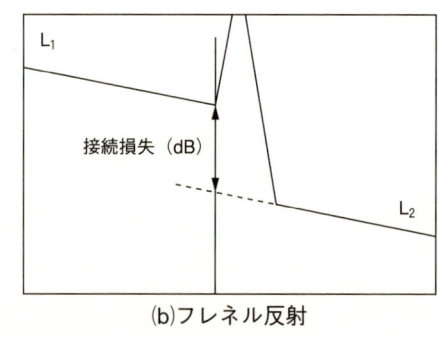

(a)スプライス　　　　　　　　　　(b)フレネル反射

図12-5　接続損失（スプライス）の測定原理

■直線近似法

　測定データから2直線L_1、L_2を求めるための直線近似法に、最小2乗法と2点法があります。
　直線近似法の選択により、図12-6のように測定結果に影響があるので、その選択には注意しなければなりません。一般的には、接続損失測定時には最小2乗法、全損失測定時には2点法を用います。

第12章
OTDR法による測定技術

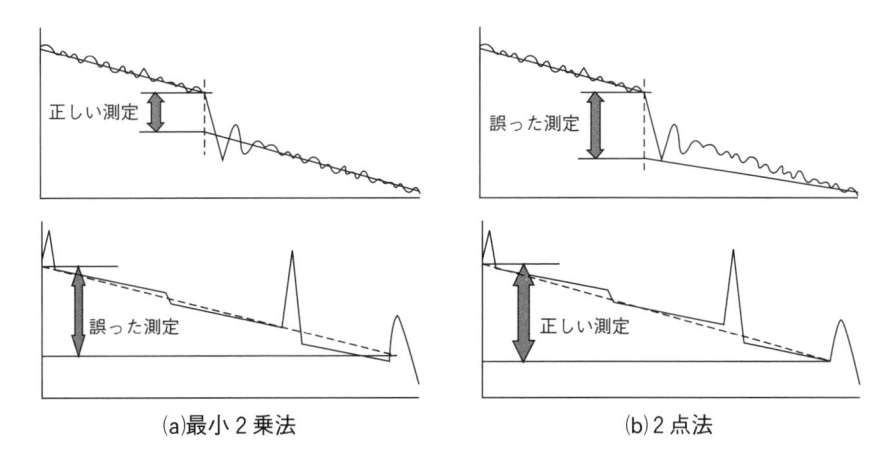

(a) 最小2乗法　　　　　　　　　　　　　(b) 2点法

図12-6　直線近似法による測定結果の違い

技術解説（直線近似法）

最小2乗法（LSA: Least Square Approximation）

マーカ間にあるすべてのデータから直線への距離のばらつきが最小になるような直線を求める方法です。この方法は測定データにノイズが多く含まれているときに有効な方法です。

2点法（2 points Approximation）

マーカ上の始点と終点の値をそのまま直線で結ぶ方法です。2点間の損失を求めたいときに有効な方法です。

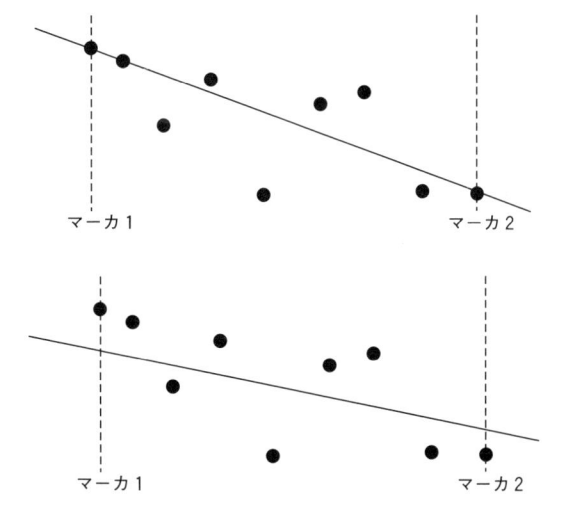

図12-7　最小2乗法と2点法

第12章
OTDR法による測定技術

● 反射減衰量の測定原理

反射減衰量Rは、OTDRの測定マーカのレベル差をLとしたとき、次式により求められます。

$$R = -\left(10\log_{10} bsl + 10\log_{10}(10^{\frac{L}{5}} - 1)\right)$$

ここで、後方散乱光レベルbsl（back scattering label）は、後方散乱係数S、光ファイバ内の群速度Vを用いて次式で求められます。

$$bsl = S \cdot \alpha_R \cdot V \cdot \frac{W}{2} 、 S = K \cdot \frac{n_1^2 - n_2^2}{n_1^2} 、 V = \frac{C}{N_e}$$

W：現在設定されているパルス幅（sec）、
α_R：レイリー散乱による損失（Np/m）＝$0.23026 \times 10^{-3} \times RSL$、
RSL：レイリー散乱による損失（dB/km）、
n_1：光ファイバのコアの屈折率、n_2：光ファイバのクラッドの屈折率、
n_e：光ファイバの実効群屈折率、K：光ファイバで決まる定数、C：光速（m/s）

● 測定パラメータ

■測定波長

光線路の使用波長により測定を行う必要があるため、測定前に使用波長を調べ、その値を入力します。

■距離

距離レンジの切り替えを行います。光線路長が分かっている場合には、その値よりも長い値を設定します（一般的には、測定光ファイバの2倍以上）。光線路長があらかじめ分からない場合には、距離レンジをオートにすると自動的に最適な距離を検出します。

■群屈折率（IOR: Index Of Reflection）

光ファイバの実行屈折率を表す値です。光の速度は屈折率の値によって変化するため、正確な値の入力が必要です。

第12章
OTDR法による測定技術

■ダイナミックレンジ

　光の入射端から、後方散乱光レベルがノイズのRMSレベルと同じになるまでの損失をダイナミックレンジ（SNR＝1）として表し、OTDRの測定可能距離を示します。ダイナミックレンジが大きいほど長距離の測定が可能です。

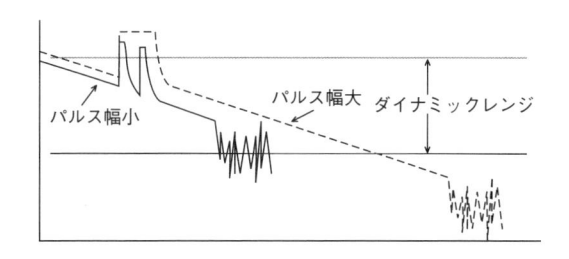

図12-8　ダイナミックレンジ

■デッドゾーン

　OTDRによる測定では、損失などの測定ができない範囲が存在します。例えば、光の入射端からある一定の距離はフレネル反射光が大きいために正確な損失等を測ることができません。この範囲のことをデッドゾーンと呼んでいます。デッドゾーンには、フレネルデットゾーンと後方散乱光デッドゾーンの2種類があります。フレネルデッドゾーンとは、2つのコネクタの識別可能な最小距離を表し、後方散乱光デッドゾーンとは損失測定可能な最小距離を表します。フレネルデッドゾーンの場合、コネクタ接続をした接続点からデッドゾーン距離間に損失が生じていても測定はできないことを意味します。短距離の光線路を測定する場合には、入射端にダミーの光ファイバケーブルを挿入することにより、入射端のフレネル反射による影響を抑えることができます。

■パルス幅

　パルス幅とは、入射する光パルスの時間的な幅を示します。短いパルス幅は分解能が高くなりますが、光のパワーが小さくなるため長距離の測定はできません。逆に、長いパルス幅は長距離に対応しますが、測定可能な接続間隔が長くなります。従って、測定距離によって選択できるパルス幅が異なります。

表12-1　パルス幅と各パラメータの関係（参考）

パルス幅	ダイナミックレンジ （1.31／1.55 μm）	デットゾーン （フレネル／後方散乱）	0.01dB接続損失測定距離 （1.31／1.55 μm）
10ns	12／10dB	1.6／8m	－
20ns	13.5／11.5dB	3／8m	－
100ns	17／15dB	12／15m	～3／－ km
1 μs	27／25dB	105／120m	～35／45km
20 μs	45／43dB	2050／2200m	～95／135km

第12章
OTDR法による測定技術

■閾値
　OTDRによる障害点の探索では、設定した閾値以上の損失を障害点とみなします。従って、設定する閾値の大小により測定できる障害のレベルが変わると共に、検知障害点の数が変わります。

■平均化処理
　OTDRの反射波形は、APDのショット雑音などの要因により雑音成分の影響を受けます。雑音成分が多いと正確な測定ができないため、平均化処理を行うことでSN比の改善を図り雑音の少ない波形を得ています。この平均化処理を、回数、時間などいずれの方法で行うかを設定します。

OTDRによる測定の手順

　ここでは、OTDRによる測定作業を見ていきます。

● 測定の流れ

　OTDRによる測定手順は図12-9のようになります。

```
電源ON
  ▼
測定モードの選択
  ▼
各パラメータの設定
  ▼
通信光のチェック
  ▼
接続状態のチェック
  ▼
測定の実施
  ▼
測定結果保存
```

図12-9　OTDRによる測定手順

【STEP1】電源投入
　OTDRの電源はDCバッテリあるいはAC電源です。バッテリが十分に充電されているか、またはAC電源が確保できるかどうか確認してください。また、測定開始30分前に電源を投入し、光源の安定化を図ることが重要です。

【STEP 2】測定モードの選択

OTDRには測定条件の設定の有無により、フルオート測定、オート測定、マニュアル測定の3つのモードがあります。

(a) フルオート測定

光ファイバの伝送損失、接続損失及び距離測定を自動的に行います。距離レンジ、パルス幅、アベレージの各設定はOTDRが最適値を自動的に設定します。各パラメータの値が分からないときや高い分解能を必要としないときに有効です。

(b) オート測定

パルス幅、距離レンジ、アベレージ回数等の測定条件を設定します。

(c) マニュアル測定

個々の測定パラメータをユーザが設定します。任意の測定点において、マーカをセッティングすることにより測定値を得ることができます。

【STEP 3】各パラメータの設定

測定パラメータを選択します。

【STEP 4】通信光のチェック

通信回線を測定する場合には、その回線が使われているかどうかを確認する必要があります。そのため通信光の有無をチェックします。

【STEP 5】接続状態のチェック

OTDR本体の光コネクタの接続状態をチェックします。接続状態が悪いと正確な測定ができません。

> ❗ 必ず光コネクタの清掃を行うこと。またレセクタプル側も行うこと。

【STEP 6】測定

各種測定を行います。

【STEP 7】測定結果の検証

測定結果の検証を行います。

第12章
OTDR法による測定技術

> ⚠ 両端方向から測定し、平均化値を接続損失値とすること。OTDRによる損失測定は、光ファイバ内の後方散乱光レベルより求められるため、光ファイバの屈折率差の違いにより、接続損失値が上向きに表示されることがあるためです。

【STEP 8】測定結果保存
　測定結果を保存します。

OTDRを用いた各種測定

　ここでは、OTDRを用いた各種測定法を見ていきます。

● 接続損失の測定（融着接続）

　OTDRによる融着点での接続損失測定の手順を見ていきます。

【STEP 1】
　図12-10のようにOTDRと光線路を接続します。

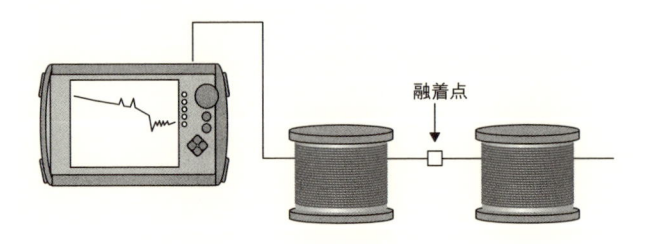

図12-10　融着接続損失の測定

【STEP 2】
　各パラメータを設定し、測定を開始します。

【STEP 3】
　測定が完了した後、図12-11のようにOTDRの表示画面における接続点を示すマーカをを画面の中央におき、その前後の直線部分L_1とL_2ができるだけ長く含まれるように画面を設定します。このとき、被測定接続点以外の接続点や障害点が画面内に入らないようにします。

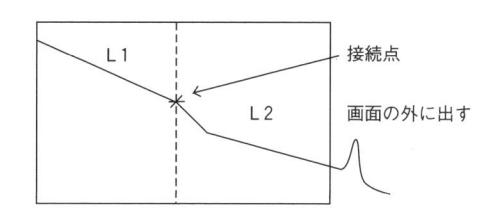

図12-11　接続点の設定

【STEP 4】
　　アベレージ機能により波形を滑らかにします。

【STEP 5】
　　直線近似法の設定を行います。

【STEP 6】
　　融着接続損失値が表示されます。

● 接続損失の測定（コネクタ接続）

　　OTDRによるコネクタ接続損失測定の手順を見ていきます。

【STEP 1】
　　図12-12のようにOTDRと光線路を接続します。

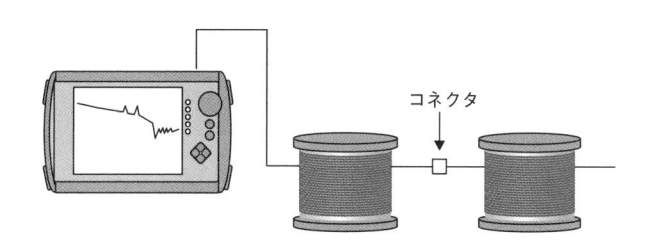

図12-12　コネクタ接続損失の測定

【STEP 2】
　　各パラメータを設定し、測定を開始します。

【STEP 3】
　　測定が完了した後で、フレネル反射点にマーカを合わせます。そのとき、その前後の直線部分ができるだけ長く含まれるように画面を設定します。また、被測定接続点以外の接続点や障害点が画面内に入らないようにします。

第12章
OTDR法による測定技術

【STEP 4】
　アベレージ機能により波形を滑らかにします。

【STEP 5】
　直線近似法の設定を行います。

【STEP 6】
　コネクタ接続損失が表示されます。

> **マーカーの設定**
> 　正確な測定を行うためには、マーカーを正しく設定する必要があります。接続損失や距離の測定時の接続点マーカはトレース波形のステップ開始点に設定します。

● **伝送損失測定**

　OTDRによる伝送損失測定の手順を見ていきます。

【STEP 1】
　図12-13のようにOTDRと線路を接続します。

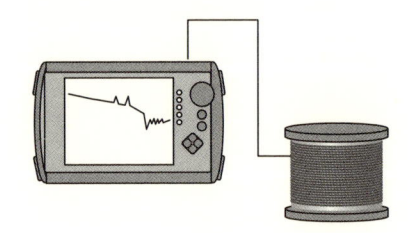

図12-13　伝送損失の測定

【STEP 2】
　各パラメータを設定し、測定を開始します。

【STEP 3】
　測定波形が画面全体に表示されているか確認します。表示されていない場合は、画面を拡大するなどして全体に表示されるように設定します。

【STEP 4】
　アベレージ機能により波形を滑らかにします。

第12章
OTDR法による測定技術

【STEP 5】
　直線近似法の設定を行います。

【STEP 6】
　マーカ1を始点側と、マーカ2を遠端のフレネル反射立ち上がり点に設定します。

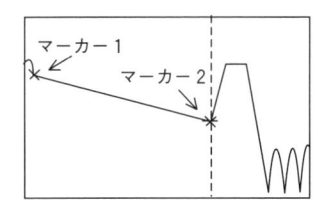

図12-14　マーカの設定（伝送損失測定）

【STEP 7】
　表示値が伝送損失値Loss 1となります。

【STEP 8】
　終端側（逆側）のコネクタをOTDRに接続します。同様に【STEP 1】～【STEP 7】の手順を行い、伝送損失値Loss 2を求めます。

【STEP 9】
　伝送損失値Loss 1、Loss 2の平均値が求める伝送損失値となります。

● 反射減衰量測定

　OTDRによる反射減衰量測定の手順を見ていきます。

【STEP 1】
　図12-15のようにOTDRと光線路を接続します。

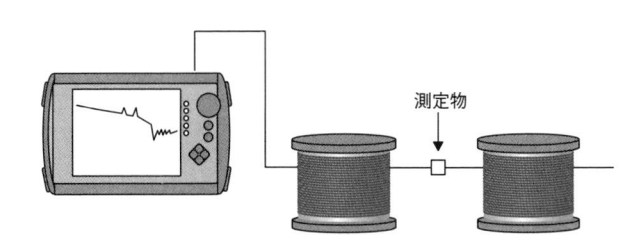

図12-15　反射減衰量の測定

第12章
OTDR法による測定技術

【STEP 2】
　マーカ1を被測定コネクタのフレネル反射点のピークに正確に合わせます。また、マーカ2を被測定コネクタのフレネル反射立ち上がり点に合わせます。

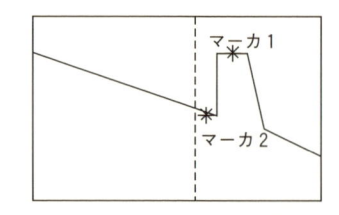

図12-16　マーカの設定（反射減衰量測定）

【STEP 3】
　アベレージ機能により波形を滑らかにします。

【STEP 4】
　反射減衰量が表示されます。

試験報告書の作成

● OTDRエミュレーションソフトウェア

　エミュレーションソフトウェアは、光パルス試験器用のソフトウェアです。光ファイバの工事、保守、修理で測定したデータをPCで詳細に解析し、報告書の作成作業を容易にします。また、次のような機能があります。

エミュレーション
　OTDRと同様の機能をマウス操作で行うことができます。また、波形データを読み込めるので、オートサーチによる接続位置や破断点（イベント）の自動検出ほか、詳細なイベント位置や損失の解析が可能です。

差波形表示
　エミュレーションモードで読み込まれた波形から2波形を選択し、両者の差の波形を別のウィンドウで表示します。この比較機能により、敷設時と定期点検時における光ファイバ特性の経年変化を調べられます。

両端測定
　より正確な測定が行える機能です。光ファイバの両端から測定した1対のデータに対して加算平均処理し、新しい波形を合成します。合成波形に対してオートサーチ機能を実行することにより、より正確なイベント位置・損失の算出が可能になります。ダミーファイバを用いた測定でも有効です。

第12章
OTDR法による測定技術

多心光ファイバの一括測定
多心ファイバの測定や同一光ファイバの経年劣化測定など、同一条件で多くの波形を比較・測定するのに便利です。

波長分散測定
波長ごとの微妙なイベント位置の違いを利用し、波長分散測定を行います。イベント位置を設定し、分散近似式を選択すると、ディレイ、波長分散、分散スロープの近似曲線が簡単に得られます。

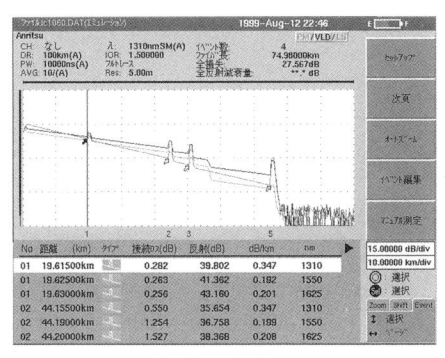

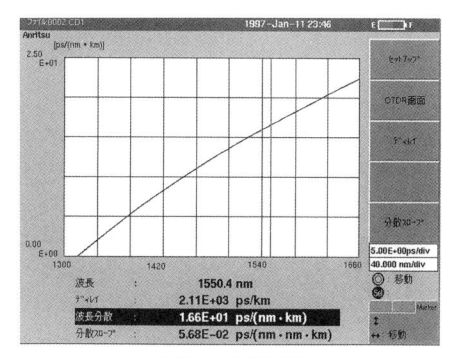

(a)差波形表示　　　　　　　(b)波長分散測定

図12-17　エミュレーションソフト

● 報告書作成ソフトウェア

光ケーブル施工では、OTDR法により測定したデータを試験報告書として提出しなければなりません。その作業の簡素化のため、OTDRの試験結果から、パルス試験一覧表とパルス試験記録表の報告書を作成するソフトウェアが報告書作成ソフトウェアです。特徴として、パソコン上での作業で各種作業が行えること、またデータは表計算ソフト等での編集が可能であること、測定結果の良否判定ができることなどが挙げられます。

第12章
OTDR法による測定技術

図12-18 報告書作成ソフトウェア

OTDR法測定における注意事項

■光コネクタの交換と清掃

コネクタやレセクタプル部にゴミなどの汚れがついていると、測定結果に重大な影響を及ぼします。測定の前には必ずクリーニングを行ってください。

また、光コネクタを交換するときやフェルール端面のクリーニングを行う場合には、図12-19のようにレバーを手前に引き、ラッチが外れたことを確認してから、光コネクタを持ち上げて外してください。その際、光コネクタ及び光コネクタ端面に傷をつけないよう十分注意してください。

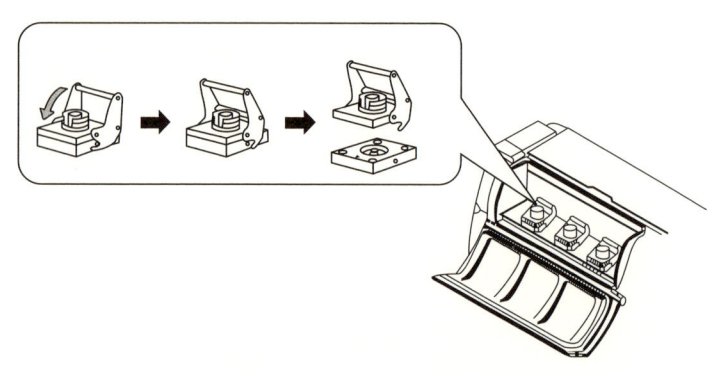

図12-19 光コネクタの取り外し

第12章
OTDR法による測定技術

■ゴースト波形

　測定時にはゴースト波形に注意してください。コネクタ接続した点で反射した光が測定器に戻り再び反射されるとゴーストの原因になります。この反射光の波形は、接続点までの距離dの倍数のところにゴーストとして現れます。ゴーストを取り除くにはコネクタの接続を調整したりするなどしてフレネル反射を最小にしてください。

■レーザ光の取り扱い

　光源から出力される光は通常使用されている通信用の波長であるため、見えません（可視光ではありません）。従って、光源の光コネクタ部や、光源に接続された光ファイバの端面を直接のぞかないように注意してください。

第12章
OTDR法による測定技術

OTDRによる測定作業手順　　1/2

手　順	作業内容	
光出力部のクリーニング		光出力部をスティッククリーナ等を用いてクリーニングします。
被測定ファイバの接続	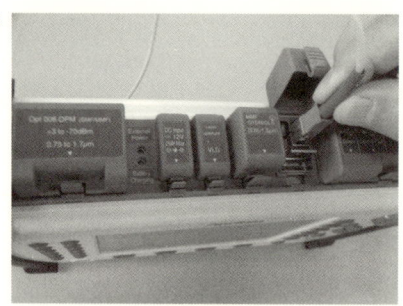	被測定ファイバの光コネクタ端面を光コネクタクリーナを用いて清掃を行います。 ▼ 被測定ファイバを光出力部に接続します。
電源投入	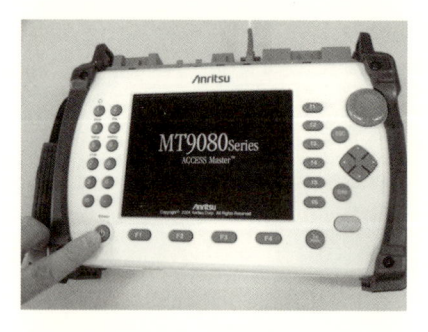	電源を投入します。 ▼ セットアップ画面を表示します。
パラメータの設定	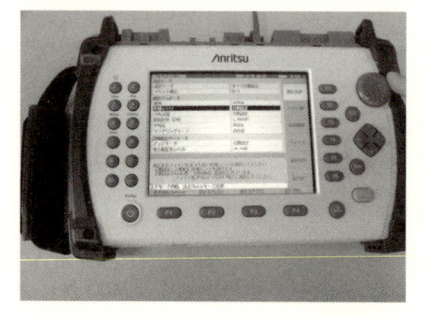	測定モードをオートに設定します（オート測定の場合）。 ▼ 測定波長を設定します。 ▼ 群屈折率（IOR）の値を設定します。 ▼ OTDRが障害点の検出を行う際のしきい値レベルを設定します。この設定により検出する障害点の有無が決定されます。 ▼ アベレージング回数または時間を設定します。

第12章
OTDR法による測定技術

OTDRによる測定作業手順　　　2/2

手　順	作業内容	
測定開始		スタートボタンを押し、測定を開始します。 ▼ 自動的に測定が行われ、アベレージングを行った後、測定結果が表示されます。
測定結果表示・保存		測定結果として以下のものが表示されます。 　(ｱ)障害点までの距離 　(ｲ)障害のタイプ 　(ｳ)障害点での接続損失 　(ｴ)反射減衰量 　(ｵ)kmあたりの損失 　(ｶ)口元から各障害点までの損失値 ▼ 測定結果を分析します。 ▼ 測定結果が正しい場合には、測定結果を保存します。 ▼ 必要に応じて報告書の作成を行います。

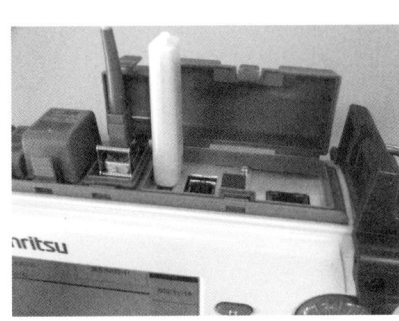

第13章
FTTH施工技術

第13章
FTTH施工技術

FTTH施工技術の適用範囲

　光ファイバは石英あるいはプラスチックでできた非常に細い伝送媒体です。また、非常に低損失で広帯域であるため、メタリックケーブルをはるかに超えた大容量の情報を伝送できるという特徴があります。従って、経済的でかつ多彩なサービス提供を可能とするブロードバンドネットワーク実現のキーテクノロジーとして、近年目覚しい発展を遂げ、その導入量は飛躍的に増加しています。
　図13-1に、光ネットワークにおける工事範囲を示します。今後はFTTHの普及により、加入者系のケーブル敷設工事が主になると考えられます。また、光LAN等の構内ネットワーク工事も増えることも予想されます。

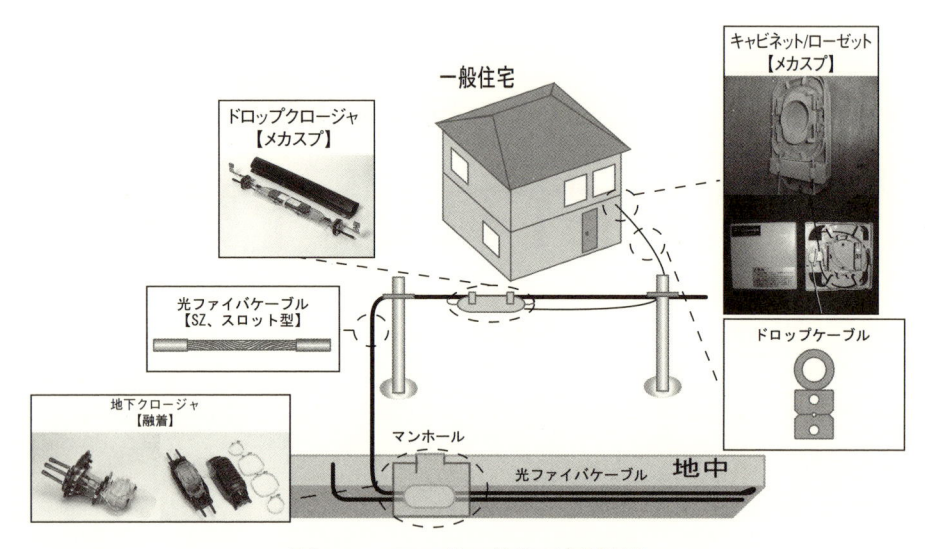

図13-1　FTTH施工技術の適用範囲

　光ケーブルの機械的特性は、ほぼメタリックケーブルと同様であるため、メタリックケーブルの工事とほぼ同じ手順で施工することが可能です。しかし、光ファケーブルは、光ファイバが(1)非常に細く折れやすい、(2)曲げに弱い、(3)引っ張りに弱い、(4)長尺敷設が可能、等の特徴を持っているため、細部において敷設工法の違いがあります。ここではその違いに的を絞り、見ていきます。

光線路方式

　光線路設備は、図13-2のように(1)光加入者線路、(2)光中継線路、(3)光市外線路の3つに大別されます。さらに、光加入者線路は光ケーブルを屋外に敷設する場合と屋内に敷設する場合に大別されます。
　光線路方式は、既存のルート構成を考慮して、ルート案を選定した後に、施工時の道路占用の可否、経済性、適用技術、安全・保守性などを検討し、総合的に

決定されます。

図13-2　線路方式の分類

■配線方式
　配線方式として、ループ配線法とスター配線法があります。配線方式は、経済性・安全性等を勘案して決定します。

表13-1　配線方式

	ループ配線	スター配線
需要変動対応	容易	難
初期コスト	高	低

光伝送損失設計

　光伝送路損失設計は、敷設する光線路の伝送方式、距離などを勘案し行います。光伝送路損失L_Tは、次の条件を満足しなければなりません。

$$L_{MAX} \geq L_T$$

L_{MAX}：伝送路許容損失　L_T：光伝送路損失

■光伝送路許容損失算出
　光伝送路許容損失は、基本的には送信機の出力レベルP_Tと受信機の受光可能レベルP_R（感度）の差になります。実際には、システムマージンを加味して、次式により求められます。

$$L_{MAX} = P_T - P_R - M$$

L_{MAX}：全許容損失、P_T：送信機出力レベル、
P_R：受信機感度、M：システムマージン

第13章
FTTH施工技術

　　システムマージンとは、送受信器の温度変化等によるレベル変動、経年変化、光ファイバ再接続等による損失増加を見込み量です。

■光線路損失算出

　　光線路損失L_Tは、伝送距離、接続点数、接続損失等を調査したうえで、次式により算出します。

$$L_T[\mathrm{dB}] = \alpha_f \times \ell + N_c \times \alpha_c + N_s \times \alpha_s + \alpha_{TR}$$

L_T：全損失、α_f：光ファイバ損失［dB/km］、ℓ：光ファイバ線路長［km］、
N_C：コネクタ接続数［箇所］、
α_c：1箇所当たりのコネクタ接続損失［dB/箇所］、
α_s：1箇所当たりの融着接続損失［dB/箇所］、N_S：融着接続点数［箇所］、
α_{TR}：送受信機との結合損失［dB］

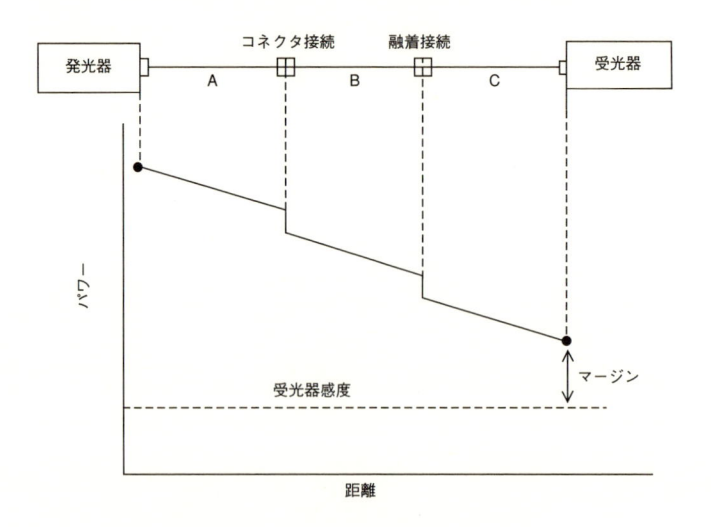

図13-3　光線路設計ダイアグラム

屋外光線路設計

● 屋外光線路設計の流れ

ここでは、屋外光線路設計の手順を見ていきます。

```
ルート現地調査
   ↓
ルート設計
   ↓
線路損失計算
   ↓
布設工法の検討・確認
   ↓
工事設計書の作成
```

図13-4　光ケーブル線路設計の流れ

【STEP1】ルート調査

　光線路の仕様が決定した段階で、光ケーブル敷設のためのルート調査を行います。調査結果により、線路方式、敷設工法の検討、法的規制の確認等をします。

【STEP2】ルート設計

　ルート調査の結果から、(1)配線方法の決定、(2)心線数算出、(3)心線接続位置の決定、(5)心線接続方法の決定を行います。これよりケーブルのピース割案を作成し、ケーブル敷設時の個々のケーブルピースについてケーブル牽引時の張力計算を行い、ピース割を決定します。

【STEP3】線路損失計算

　敷設ルート、接続点等の諸条件が決定したら、線路の損失が許容値以内に収まるかどうか線路損失の計算を行います。仮に許容値以上であった場合には、STEP2からやり直します。

【STEP4】敷設工法の検討・確認

　敷設区間に適した敷設工法の検討を行います。

【STEP5】工事設計書の作成

　工事を実施する上での設計書を作成します。また、工事設計書にもとづき、構成品の発注を行います。

第13章
FTTH施工技術

● ルート調査

ルート調査では主に次の項目を調査します。
- マンホール位置・引き上げ柱位置の確認
  道路占用状況、マンホール名など
- 周辺作業環境の確認
  マンホール内作業環境、牽引機等の設置条件、溜水状況、連絡回線の確保など
- 既設線路の確認
  既設ケーブルの種類・位置、接続点の位置、管路（重複）の有無など
- 接続点の確認
  ケーブル必要長、接続位置、受金物の位置、マンホール内屈曲角度、ダクト段差など

■法的規制の確認

光ファイバは電磁誘導の影響を受けません。ただし、その用途と設置場所によって弱電流電線と同様な法的規制を受けることになります。また、弱電流電線と光ケーブルとが相互に接近または交差した場合には、工事上の安全等の理由により、離隔距離規制などが行われます。

架空区間

架空区間における光ファイバ敷設とは、電柱等を利用して光ケーブルを架渉する工法を指します。光ケーブルの架空施工時には、施工作業時や維持管理における安全性確保及び他施設への障害防止のため、地上高、他の架空配線及び建造物との離隔距離などを十分に確保し、安全対策を取らなければなりません。なお、この際、「有線電気通信設備令」を適用します。

以下に架空光ケーブル敷設の際に注意すべき点を示します。
- 架空電線の高さ
  光架空区間においては、表に示すような離隔距離を考慮する必要があります。

表13-2 架空光ケーブルと他設備との離隔距離

施設個所	高さ
道路上	路面上　5.0m以上
交通に支障を及ぼすおそれが少ない場合で工事上やむを得ない場合	歩道上　2.5m以上 路面上　4.5m以上
横断歩道上	路面上　3.0m以上
鉄道又は軌道横断	軌条面6.0m以上
河川横断	舟行に支障を及ぼすおそれがない高さ

※ 有線通信設備令施工規則第7条（架空電線の高さ）による

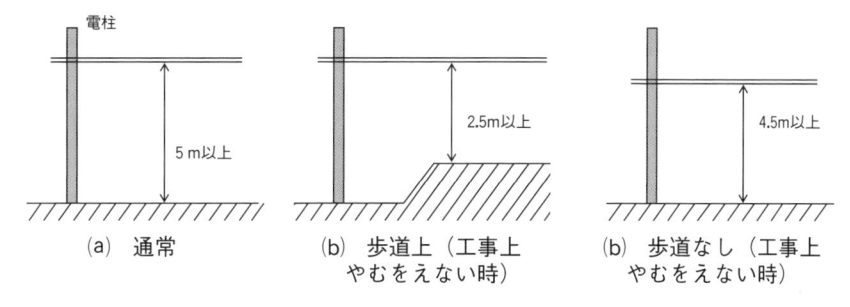

図13-5　架空電線の高さ

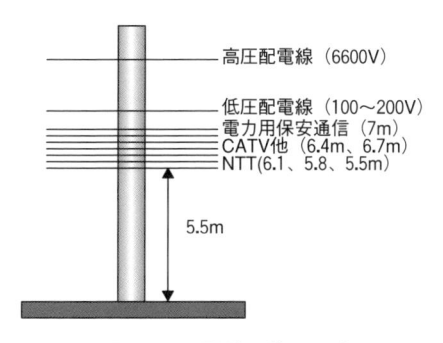

(a) 通常　5m以上
(b) 歩道上（工事上やむをえない時）　2.5m以上
(b) 歩道なし（工事上やむをえない時）　4.5m以上

図13-6　電線の使われ方

- 高圧配電線（6600V）
- 低圧配電線（100〜200V）
- 電力用保安通信（7m）
- CATV他（6.4m、6.7m）
- NTT（6.1、5.8、5.5m）
- 5.5m

- 共架線路における離隔距離

　光ケーブル支持物と架空強電流電線との必要離隔距離は、有線通信設備令施工規則第4条（架空電線の支持物と架空強電流電線との間の離隔距離）により表13-3に示すとおりです。

表13-3　共架線路における離隔距離

架空強電流電線の使用電圧及び種別		離隔距離
低圧		30cm以上
高圧	強電流ケーブル	30cm以上
	その他の強電流電線	60cm以上

- 建造物等との離隔距離

　光ケーブルと建造物等との離隔距離を表13-4に示します。

表13-4　建造物等との離隔距離

建造対象物	離隔距離
建造物等	30cm以上
樹木等	30cm以上

構内区間

屋内敷設された光ケーブルが他の電力配線と接近あるいは交差する場合の離隔距離は、次の規定等に準拠します。

「内線規定」㈳日本電気協会
- 低圧配線方法（400節）
- 配線と他の配線または弱電流電線、光ケーブル、金属製水管、ガス配管などとの離隔（400-8）
- 配線（710）
- 高電圧配線と他の配線または金属体との接近、交さ（710-6）

表13-5　光ケーブルと他の電力配線との離隔距離

接近対象物		離隔距離（cm）
高圧配線		15
低圧配線	絶縁配線	10
	裸電線	30

● ルート設計

ルート現地調査を行った上で、敷設ルートの設計を行います。ここでは、ルート設計の手順を見ていきます。

```
許容光損失の確認
    ▼
ケーブルピース長の算出
    ▼
布設作業の検討
    ▼
張力の計算
    ▼
布設・架渉方法の決定
    ▼
接続点の決定
    ▼
ケーブルピース長の決定
```

図13-7　ルート設計の流れ

第13章 FTTH施工技術

■ケーブルピース長の算出

　必要とするケーブルピース長は、線路の実際の長さ（線路長にマンホール、ハンドホール、屋内、架空線路等のケーブル必要長を加えたもの）へ敷設必要長（接続必要長、ケーブルの蛇行必要長、マージン等）を足し合わせたものです。

$$必要ケーブルピース長＝（線路の実際長）＋（敷設必要長）$$

　また、ケーブルピース長の算出の前提として、システム設計に関する許容光損失、伝送速度、ファイバ種別、使用波長など伝送路の仕様の確認を行う必要があります。

地中区間
　表13-6に敷設必要長の目安を示します。

表13-6　布設必要長（参考）

必要長分類	用途	長さ
接続	地上での作業必要長、収納必要長、心線接続必要長	6.5m
後分岐接続	地上での作業必要長、収納必要長、心線再接続必要長、ケーブル切断長	12.5m
引き通し	ケーブル曲げ必要長	1.0m

架空区間
　架空ケーブルピース長の算出方法は、地中ケーブルの場合と同様です。

表13-7　架空布設必要長（参考）

必要長分類	用途	長さ
接続	クロージャ内心線接続必要長	1.5m
スラック	各電柱におけるケーブル保護	0.1m

● 接続点位置及び接続法の決定

　接続点位置及び接続法の決定は、非常に重要です。これらの決定により光線路全体の損失も変化すると同時に、その工法及びメンテナンス性も変わります。基本的に、施工条件（ケーブルの最大要求長、ケーブルの牽引張力及び曲率半径、敷設方法別牽引張力）から接続点数が極力少なくなるように決定します。
　光ケーブルの接続法には、融着接続法、メカニカルスプライス法、コネクタ接続法があります。長距離の配線では、接続損失値が最低である融着接続法が用いられます。FTTH配線で用いられるドロップケーブルの接続及び屋外成端箱内での接続には、メカニカルスプライス法が用いられています。また、宅内及び構配

線区間では、着脱が容易で接続が簡単であるコネクタ接続法が用いられています。

表13-8　接続点の決定条件

接続点設置場所	• 布設工具を設置できない屈曲部のマンホール・ハンドホール • ケーブルが輻輳して布設工具を設置できないマンホール • 地下区間から架空区間へ移る引き上げマンホール • 屈曲部の交角が90°を超える電柱 • ビル引込直前のマンホール • ケーブル分岐あるいは引き落とし点
接続点の必要条件	• 接続作業をする十分なスペースがとれる。 • マンホール周辺の交通量が少なく、蓋の開閉が可能 • マンホール内のケーブルが著しく輻輳していなくて、溜水及び漏水が少ない。 • 電柱の周辺に十分な作業スペースがとれる。 • クロージャあるいは接続箱を設置するスペースがある。

● 張力設計

　光ファイバの抗張力は、メタリックケーブルなどよりも優れてはいますが、微小な傷に弱いなど外力に対しては十分な注意を払う必要があります。このため、敷設時には張力を制御し、曲げ、側圧、引張りなど過度の外力を与えないことが重要です。一般的に、敷設張力は、直線部分が多いルートでは小さく、曲がり部分が多いルートでは大きくなりますが、敷設前に張力を計算し、許容張力以下で敷設を行わなければなりません。また、敷設の際にはケーブル先端のみに力を加えたのでは許容張力を超えることがあるので、途中に中間けん引機を設置する方法等が用いられます。

■許容牽引張力

　光ケーブルの許容張力は、ケーブル仕様書で規定されているので、確認が必要です。光ケーブル敷設時には、その許容張力以下となるように張力計算をする必要があります。

表13-9　光ケーブルの布設・架渉時の許容牽引張力（[N]）（参考）

ケーブル種別	線路形式		管路	共同溝及び管路・共同溝混在区間	架渉 柱間分岐なし	架渉 柱間分岐あり
SM型ケーブル	層撚	～12	1470	1470	1470	980
	ユニット	～36	1960	1800	1960	980
	ユニット	～48	4900	1800	1960	980
SM／DSFケーブル	4t	～100	2060	1800	1960	980
	4t	～200	3720	1800	1960	980
	4t	～300	2740	1800	1960	980
	8t	～600	7750	1800	1960	980
SZケーブル	2t	～128	3720	1800	1960	980
自己支持型ケーブル	―	―	―	―	1960	980

■許容曲げ半径

　光ケーブルの許容曲げ半径は、光ファイバ、テンションメンバ、シースの材質・構造によって変化しますが、許容曲げ半径ぎりぎりではなく、余裕を持って曲げ半径を確保することが望ましいといえます。
　一般的な光ケーブルの許容曲げ半径を表13-10に示します。

表13-10　光ケーブルの許容曲げ半径

布設・架渉	固定
ケーブル外径の20倍	ケーブル外径の10倍

　ただし、光ケーブルメーカーの仕様書を確認の上、敷設して下さい。

地下区間の張力計算法

　張力計算は、光ケーブルを敷設する線路を、直線区間、垂直区間、屈曲区間及び曲線区間に分割し計算します。次に各計算方法を見ていきます。

■直線区間

　直線区間の張力T[N]は次式により求められます。

$$T = T_1 + \mu g L W$$

　T_1：区間の最初での張力[N]、μ：摩擦係数、W：ケーブル質量[kg/m]、L：直線部の長さ[m]、g：重力加速度(9.8m/s^2)

　なお、光ケーブルの繰り出し点及び牽引機の初期張力として一般的に98[N]を見込んでいます。

■垂直区間

　垂直区間（共同溝など）の張力T[N]は次式により求められます。

$$T = \pm gLW$$
(マイナス符号は下りの場合)

W：ケーブル質量[kg/m]、L：垂直部の長さ[m]、g：重力加速度[m/s^2]

■屈曲区間
屈曲区間の張力T［N］は次式により求められます。

$$T = T_1 K$$
$$K = e^{\mu\theta}$$

T_1：屈曲区間直前の張力[N]、K：張力増加率、
μ：摩擦係数、θ：交角[rad]

■曲線区間
曲線区間の張力T［N］は次式により求められます。

$$T = (T_1 + \mu WL) \cdot K$$
$$K = e^{\mu\theta}$$

T_1：曲線区間直前の張力[N]、K：張力増加率、
μ：摩擦係数、θ：交角[rad]、L：曲線区間の長さ[m]

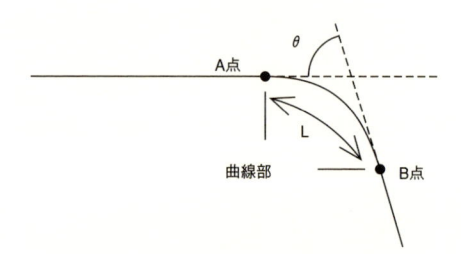

図13-8　曲線区間の張力計算

第13章
FTTH施工技術

表13-11 張力計算に用いる張力増加率

組合せ	ケーブルと管路 PE可とう管 ケーブル保護用可とう管	牽引ロープと管路 ケーブル保護用可とう管	牽引ロープまたはケーブルと				張力増加率 (K)
			屈曲マンホール引通工具 マンホール段差引通工具 屈曲用金庫 カーブガイド230 ダクトガイド860 ダクトガイド230 ハンドホールダクトガイド	カーブガイド860 カーブガイド260	とう道用布設ローラ	カーブSローラ カーブLローラ	
摩擦係数	0.5	0.4	0.16	0.09	0.2	0.1	
交角 (θ°)		6	10～17	15～31	6～13	6～27	1.05
	6～10	7～13	18～34	32～60	14～27	28～54	1.10
	11～16	14～20	35～50	61～88	28～40	55～80	1.15
	17～20	21～26	51～65	89～90	41～52	81～90	1.20
	21～25	27～31	66～79		53～63		1.25
	26～30	32～37	80～93		64～75		1.30
	31～34	38～42	94～107		76～85		1.35
	35～38	43～48	108～120		86～90		1.40
	39～42	49～53	121～133				1.45
	43～46	54～58	134～145				1.50
	47～50	59～62	146～150				1.55
	51～53	63～67					1.60
	54～57	68～71					1.65
	58～60	72～76					1.70
	61～64	77～80					1.75
	65～67	81～84					1.80
	68～70	85～88					1.85
	71～73	89～90					1.90
	74～76						1.95
	77～79						2.00
	80～82						2.05
	83～85						2.10
	86～87						2.15
	88～90						2.20

事例

図13-9に示すように、管路内にA点からE点に向かってケーブルを敷設する場合、E点における敷設張力を求めます。ただし、A点からE点間には中間牽引及び高低差はないものとします。

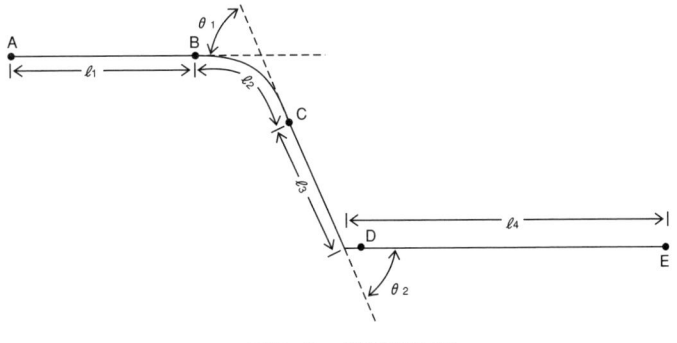

図13-9 敷設平面図

第13章
FTTH施工技術

【STEP 1】
　A点からB点までの直線区間の張力T_1を算出します。

$$T_B = T_A + \mu l_1 W$$

【STEP 2】
　屈曲点通過後の張力T_Cを算出します。

$$T_C = (T_B + \mu l_2 W) e^{\mu \theta_1}$$

【STEP 3】
　C点からD点（屈曲部直前）までの直線部分の張力を算出し、D点における張力T_Dを算出します。

$$T_D = (\mu l_3 W + T_C) e^{\mu \theta_2}$$

【STEP 4】
　張力T_DにD点からE点までの直線区間の張力を加えてE点における張力T_Eを算出します。求められた張力T_EがA点からE点までの合計張力となります。

$$T_E = T_D + \mu l_4 W \,[N]$$

● 架空区間の張力計算法

　架空区間の張力計算は、使用する光ケーブルによりその方法が異なります。ここでは、それぞれの方法を見ていきます。

■丸形ケーブルの場合

　直線部及び曲線部の張力計算式は、地中ケーブルと同様です。
　傾斜区間における張力$T\,[N]$は、次式により求められます。

$$T = gWL(f \cdot \cos\theta - \sin\theta)$$

　　θ：傾斜角、W：ケーブル質量 [kg/m]
　　L：傾斜部の長さ、f：摩擦係数、g：動加速度 [m/s^2]

表13-12 張力増加率（丸形ケーブル）

組合せ	ケーブル又はけん引ロープ		張力増加率 (K)
摩擦係数	4号金車	屈曲部金車	
	0.1	0.16	
交角 (θ°)	6〜11	6〜 7	1.02
	12〜22	08〜14	1.04
	23〜30	15〜20	1.06
		21〜27	1.08
		28〜34	1.10
		35〜40	1.12
		41〜47	1.14
		48〜53	1.16
		54〜59	1.18
		60〜65	1.20
		66〜71	1.22
		72〜77	1.24
		78〜82	1.26
		83〜88	1.28
		89〜90	1.30

■**自己支持型ケーブルの場合**

　自己支持型ケーブルを架渉する場合の架空線路区間の張力計算式を以下に示します。

$$1スパン目：T_1 = \frac{1-WL_1^2}{8d} + 100 \quad 2スパン目以降：T_{N+1} = KT_N + \Delta T$$

　　T_{N+1}：$N+1$スパン目の張力、T_N：Nスパン目の張力、
　　K：金車通過時の張力増加率、L_1：第1番目のスパン長、
　　d：弛度、ΔT：傾斜区間における張力増加率

第13章
FTTH施工技術

表13-13 張力増加率（自己支持型ケーブル）

組合せ	ケーブル又はけん引ロープ			張力増加率
	2号金庫	4号金庫	屈曲部金庫	
摩擦係数	0.1	0.1	0.16	
交角（θ°）	0〜5			1.02
			0〜4	1.04
		5〜8	5〜10	1.06
		9〜10	11〜20	1.08
		11〜14	21〜24	1.10
		15〜17	25〜30	1.12
		18〜20	31〜35	1.14
		21〜22	36〜39	1.16
		23〜25	40〜45	1.18
		26〜27	46〜51	1.20
		28〜30	52〜59	1.22
			60〜63	1.24
			64〜70	1.26
			71〜75	1.28
			76〜80	1.30
			81〜90	1.32

第13章 FTTH施工技術

> **事例**
>
> 図13-10の架空区間における張力を求めてみます。
>
> ```
>       A    T₁   B
> 繰出点 ●─────────●
>                  \ 6Q
>              T₂   \
>                    \   T₃       T₄
>                     \  ↙        ↙
>                      ●──────────●
>                      C  6Q      89 けん引点
> ```
>
> 図13-10　ルート例
>
> 【STEP 1】
> 　繰出点からA点までの直線区間の張力T₁を算出します。
> 【STEP 4】
> 　張力T₁にB点の屈曲張力増加率を乗じて張力T₂を算出します。
> 【STEP 5】
> 　張力T₂にC点の屈曲張力増加率を乗じて張力T₃を算出します。
> 【STEP 5】
> 　張力T₃にD点の金車張力増加率を乗じて張力T₄を算出します。求められた張力T₄が繰出点から牽引点までの合計張力となります。

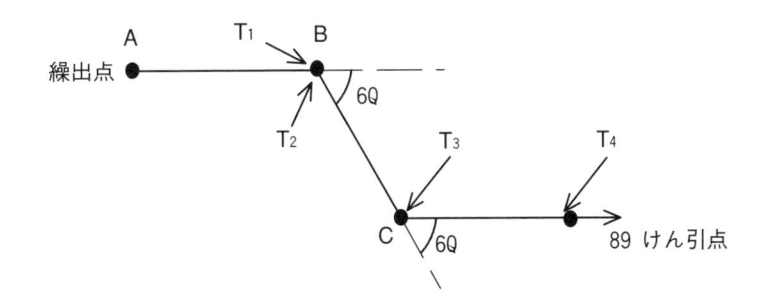

傾斜区間の張力計算

　傾斜区間の張力増加率は次式により求められます。

$$\Delta T = 10 \cdot W \cdot L \cdot \sin\theta$$

ΔT：傾斜区間の張力増加 [N]、W：ケーブル質量 [kg/m]、
L：傾斜区間の長さ、θ：傾斜角 [°]

第13章
FTTH施工技術

> **事例**
>
> L＝30[m]、α＝30°、ケーブル質量W＝0.2[kg/m] のとき、図13-11の傾斜区間の張力を求めてみます。
>
> 図13-11　傾斜区間の張力計算
>
> $\Delta T = 10 \times 0.2 \times 30 \times \sin 30° = 30\,[N]$

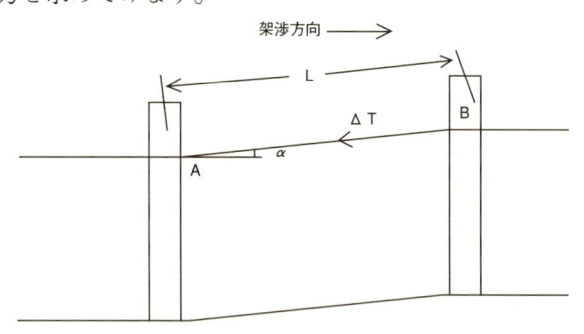

構内光線路設計

構内情報配線システムに関する規格には、JS X 5150（構内情報配線システム）、ISO/IEC11801（Information Technology - Generic Cabling for customer premises）およびANSI/TIA/EIA 568（Commercial Building Telecommunications Cabling Standard）などがあります。JIS X 5150は、ISO/IEC11801を基にしているため、ここでは、ISO/IEC11801およびANSI/TIA/EIA 568を参照し、構内配線の設計法を見ていきます。

● 構内配線区間

構内へのケーブルの引き込みは、地下や架空より行ないます。構内の情報配線システムは、構内（ビル内）幹線配線システムと水平配線システムに大別され、構内配線盤（CD: Campus Distributor）、構内幹線ケーブル、ビル内配線盤（BD: Building Distributor）、ビル内幹線ケーブル、フロア配線盤（FD: Floor Distributor）、水平ケーブル、分岐点（CP）、分岐点ケーブル、複数利用者通信アウトレット（MUTO: Multi User Telecommunications Outlet）、通信アウトレット（Telecommunication Outlet）の機能要素から構成されます（ISO/IEC 11801）。

第13章
FTTH施工技術

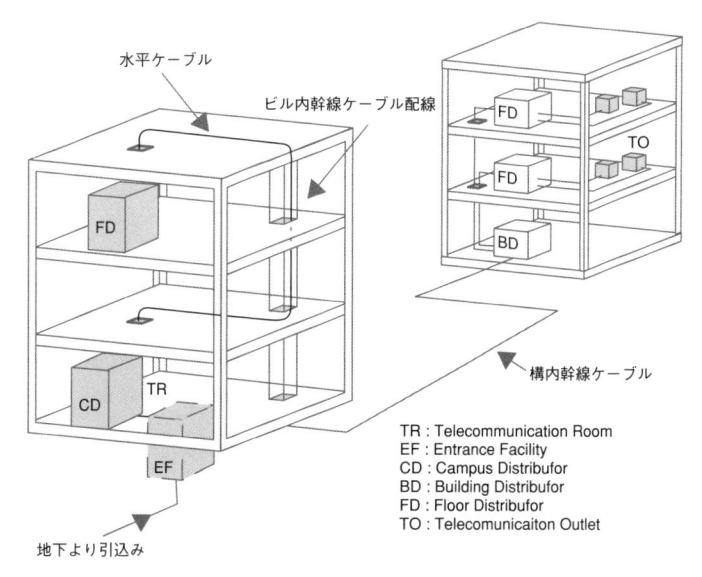

図13-12 構内配線区間

凡例:
TR : Telecommunication Room
EF : Entrance Facility
CD : Campus Distribufor
BD : Building Distribufor
FD : Floor Distribufor
TO : Telecomunicaiton Outlet

● 水平配線システム

水平配線システムとは、TO～TP～FDまでに至る部分で、次のものが含まれます。

- 水平ケーブル
- 通信アウトレット（TO）
- フロア配線盤（FD）
- 機器パッチコード・ジャンパコード
- 変換点（TP）、分岐点（CP）

■水平配線システムでの使用ケーブル

水平配線システムでは、次のケーブルを用いることが推奨されています。
- 100Ω 4ペアUTPまたはScTP
- 50/125または62.5/125μmのマルチモード光ファイバ

■水平配線距離

水平配線システム内の水平ケーブルは最大90mと規定されています。

■水平配線経路

水平配線を行うための経路として、アンダーカーペット方式、簡易二重床方式、フリーアクセス方式、フロアダクト方式、ケーブルトレイ方式、天井分配方式、電線管（コンジット）方式などがあります。

アンダーカーペット方式

専用のフラットケーブルをカーペット下に敷設する方式です。コスト面で不利ですが、室内環境にも適合しやすく、ケーブルがどこからでも取り出せるなど利点が多い方式です。

フリーアクセス方式

床スラブの上に脚付きのパネルを敷詰め、二重の床を形成し、その間の空間を配線スペースとする方式です。配線取り出しも自由であり、配線容量も大きいため比較的多く採用される方式です。

フリーアクセスフロアの利点は以下のとおりです。
- 美観が良い。
- 大容量向けに設計できる。
- 床全体に渡って配線にアクセスしやすい。
- レイアウト変更が容易に行え、コストが低い。
- 通信配線の他にも共用スペースとして利用できる（電力線、冷暖房など）。

簡易二重床方式

配線溝が予め設けられたパネルを床スラブに直接敷詰める方式です。配線溝が配線スペースとなるため、比較的配線替えが容易です。

ケーブルラック方式

天井に水平にケーブルラックを設置し、その上に配線する方式です。配線や保守が容易ですが、室内環境には調和しにくい方式です。

図13-13　ケーブルラック方式

露出配線方式

ワイヤプロテクタを用いて露出配線する方法です。簡単でコストも安いという利点がありますが、歩行の障害になるなど安全上の問題もあります。

天井配線方式

天井の空間のフリースペースを用いて配線を行う方法です。天井配線は、

ケーブルの重み等に耐えられるように設計されたJサポートなどの器具を、構造天井及び構造壁に取り付けます。

> Jフックを用いるときは、ケーブルの重さを分散させるため、Jフックの間隔を1.2m〜1.5mにするとよい。

電線管方式

構内配線で適した電線管の種類は次のとおりです。
- 金属電線管
- 非金属電線管（CD管等）
- 電気用金属電線管
- その他適正な電気法規で定められたもの

> 電線管を用いた配線経路の設計を行う場合には以下の点に注意すること。
> - 最短の直行ルートを選択する。プルボックスあるいは通線点間は90度曲げが2つ以下であることが望ましい。
> - 30m以上の連続間を用いないこと。もし、総長30m以上連続する場合には、通線点あるいはプルボックスを挿入して、30mを超えないようにすること。
> - 両端または片端を接地すること（参考：ANSI/TIA/EIA-607）
> - 総長は45m以下とすること。

● ビル内幹線配線システム

ビル内の幹線配線システムとは、通信室（TR）、機器室（ER）及び引込設備（EF）を相互接続する配線システムです。

ビル内に引き込まれた光ケーブルは、引込みケーブルを終端するための成端箱として構内配線盤を経由して、各フロアのフロア配線盤まで配線されます。この構内配線盤からフロア配線盤までの縦型の配線をビル内幹線配線と呼んでいます。

幹線配線システムには次のものが含まれます。
- 幹線ケーブル
- 構内配線盤（CD）及びビル内配線盤（BD）
- 成端機器
- パッチコード及びジャンパコード

第13章 FTTH施工技術

■幹線配線システムでの使用ケーブル

幹線配線システムでは、次のケーブルを用いることが規定されています。
- 100Ωツイストペアケーブル
- 50/125または62.5/125μmのマルチモード光ファイバ
- シングルモード光ファイバ

マルチモード光ファイバの適用条件

幹線配線システムにおけるマルチモード光ファイバは、次の条件で使用されます。
- リンク長2,000m以下で、伝送速度155Mb/s以下
- リンク長550m以下で、伝送速度1Gb/s以下
- リンク長300m以下で、伝送速度10Gb/s以下

■幹線配線距離

幹線配線を含めた最大チャネル長は、JIS X 5150で表13-14のように規定されています。

表13-14　各規格における最大チャネル長

規格名	使用ファイバ	公称伝送波長(nm)	最大チャネル長 50μm	最大チャネル長 62.5μm
100BASE-SX	MM	1300	2000	2000
1000BASE-SX	MM	850	550	275
1000BASE-LX	MM	1300	550	550
1000BASE-LX	SM	1310	2000	

技術解説（通信室（TR））

通信室（TR）とは、幹線配線ケーブル及び水平配線ケーブルを成端するための専用室です。

図13-14　通信室

■幹線配線経路

幹線配線を収納するための方式には、ケーブルラック方式、金属ダクト方式、

電線管方式があります。

ケーブルラック方式

ケーブルラック方式とは、ケーブルシャフト空間内に設けられたケーブルラック内に光ケーブルを収納する方式です。配線容量が大きく、配線変更の自由度が高いという特徴があります。垂直ケーブルに光ケーブルを敷設する場合には、張力等からケーブルを守るために光ケーブルを３ｍ以下ごとに固定していく必要があります。

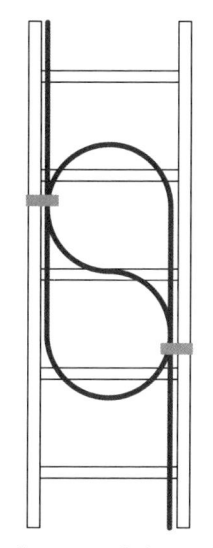

図13-15　垂直ケーブルラック方式での光ケーブルの固定例

金属ダクト方式

ビル壁面などに固定された金属ダクト内に配線収納する方式です。

電線管（Conduit）方式

ビル内の壁などに設置された電線管内に配線収納する方式です。配線容量は小さく、配線変更のフレキシビリティが低く、ケーブルが少ない場合用いられる方式です。

配線施工

● 敷設工法

敷設工法の検討では、ケーブルピース長の算出を行った後で、敷設工法を決定し、その工法を行う上での条件の検討を行います。検討項目として、接続の際に必要なハンドホール等の位置、作業性、安全性、ケーブル繰り出し点の決定、牽引機の設置箇所の検討などがあります。

第13章
FTTH施工技術

■牽引法

牽引方法には、先端牽引法、中間牽引法、分散牽引法の3種類があります。

先端牽引法

先端牽引法とは、牽引車だけで牽引する方法です。この方法では、大部分の張力がテンションメンバにかかります。

中間牽引法

中間牽引法とは、牽引車と牽引機を同時に使用し牽引する方法です。先端牽引法ではケーブルの許容張力を越してしまう場合に、ケーブルの中間でケーブル牽引機によりケーブルの外被を把持し牽引します。これにより外被に張力が分散し、テンションメンバにかかる張力を軽減します。

分散牽引法

分散牽引法とは、牽引機だけで負荷を分散させて牽引する方法です。
敷設用工具は各工具の曲率半径や屈曲広角等に応じて決定します。

■後分岐工法

ハンドホール等の引き通し部など、クロージャ等の接続部がない箇所で分岐接続をすることを後分岐と呼びます。

後分岐の方法は、以下の要素を考慮して、適切な方法を選択する必要があります。

ケーブルの長さ

光ファイバの融着接続に要する必要長プラス引き出し長など作業上の必要長を確保する必要があります。

ケーブルの種類

ケーブルの構造（主に、スロット型、SZ型光ケーブル）により、分岐接続工法が異なるので注意が必要です。

- スロット型の場合

  主に「たぐり寄せ工法」が用いられます。この工法では、はじめにクロージャ設置位置及び接続位置を中心として接続のための必要長を確保し、次にケーブルをたぐり寄せ、スロット溝からすべての心線を取り出します。その後で光ケーブルスロットを切断し、必要な光ファイバ心線の分岐接続を行います。

- SZ型の場合

  「SZ工法」が用いられます。はじめに光ファイバケーブルのシースを剥ぎ取り、分岐接続のために必要な光ファイバ心線のみを取り出した

後で、分岐側ケーブルの光ファイバ心線と接続を行う方法です。

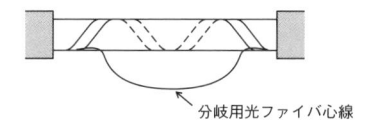

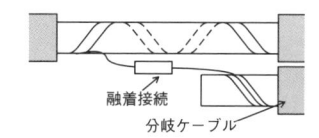

(a) 光ファイバ心線の取出し　　(b) 光ファイバ心線の切断及び分岐接続

図13-16　後分岐工法

設置スペース
　クロージャの取り付けスペースと、ケーブルの曲げ半径確保に要するスペース及び接続作業スペース等、確保する必要があります。

■空気圧送
　空気圧送方式は、予め布設しておいたパイプケーブルに、必要に応じて軽量の光ファイバユニットを圧縮空気流によって圧送する方式です。この方式は、必要なときに、必要な数だけの光ファイバを布設することができるため、自由度の高い布設工法です。

■光ケーブルの敷設
　光ケーブルの敷設作業時には、規定の張力、敷設速度、ケーブル曲げ半径を遵守し、作業員間の連絡を密にして行う必要があります。ケーブルを敷設する際には、ケーブルの安全性を維持する速度で、ケーブルの張力や金車通過による敷設張力を低減するようにします。
　また、ケーブルは「8の字」取りを行い、先端に撚り戻し金物をつけるなどしてケーブルにねじれが生じないよう敷設します。

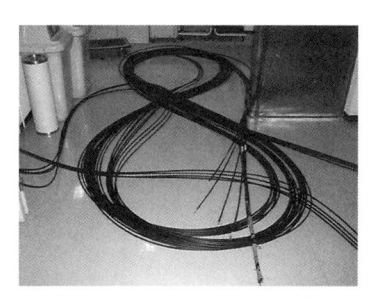

図13-17　8の字取り工法

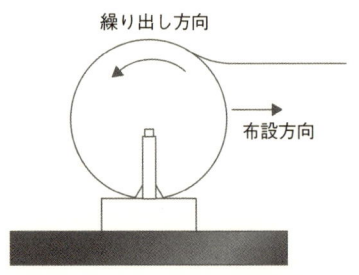

図13-18　光ケーブルの牽引方向

■光ケーブルの許容伸び率の弛度

架空光ケーブルは、空中で大きなたるみが生じないように常に一定の張力がケーブルに加えられています。また、温度変化や、気象条件によりケーブル自体も伸び縮みし、張力も変動します。従って、最悪の場合でもケーブルが断線することなどのないように余裕を持った設計が必要です。

一般に、光ケーブルの伸び率Σは次式で求められます。

$$\Sigma = \frac{T}{A \cdot E}$$

T：ケーブル吊り線の水平方向の張力[kg]
A：ケーブル吊り線の断面積[mm^2]
E：ケーブル吊り線の弾性係数[kg/mm^2]

光ファイバの吊り線の許容伸び率は0.2%とされており、架設時にΣ＜0.2とするように水平方向の張力を決める必要があります。

● 水平配線施工

ここでは、水平配線施工について見ていきます。

■水平配線施工の手順

水平配線施工の手順は図13-19のようになります。

```
      準　備
       ▼
   配線方法の決定
       ▼
    配線盤設置
       ▼
      配　線
       ▼
      成　端
       ▼
    測定・試験
```

図13-19　水平配線施工の手順

【STEP 1】準備
　水平配線作業の作業開始前には、次のことについて確認します。
　(a)　配線盤の位置
　(b)　通信アウトレット及び光コネクタの設置箇所
　(c)　光コネクタの種類
　(d)　既存ケーブル（UTP配線ケーブル等）の配線ルートの確認
　(e)　使用光ケーブルの通光試験
　(f)　配線経路の状態（光ケーブルへの影響の有無）
　(g)　終端位置の確認・余長確保の有無
　特に、光コネクタは多くの種類があるので注意が必要です。

【STEP 2】配線方法の決定
　配線量、コスト、ケーブルの取り出し位置等から配線方法を決定します。

【STEP 3】配線盤設置
　各用途に応じた配線盤を設置します。

【STEP 4】配線
　各配線方法に従って、配線します。この際、光ケーブルに過度の曲げや圧力がかからないように注意が必要です。

【STEP 5】成端作業
　光ケーブルの成端作業を行います。水平配線システムでは、施工・保守が容易なコネクタ接続法が主として用いられます。

【STEP 6】測定・試験

第13章
FTTH施工技術

　　　　　敷設した光線路の伝送損失測定を行います。許容値以下であれば配線作業完了です。

■成端作業

　水平配線における成端法は、着脱が容易なコネクタ接続法が用いられています。通常、SCコネクタが用いられていますが、最近ではスペースファクタの利点からSFFコネクタも多く用いられています。
　コネクタ接続の工法として、次の2つがあります。
(1) 現場コネクタ加工組立
　　伝送機器等の成端点までの距離が不確定な場合などに、光ファイバ心線に現場で、光コネクタを組立加工し、取付を行う方法です。部品点数が少ない光コネクタや、端面研磨の必要が無いメカニカルスプライス法による光コネクタ部品が開発されています。
(2) ピグテールコードの融着
　　工場生産の片端光コネクタ付きコード（ピグテールコード）を融着接続し、成端する方法です。

■水平配線での注意事項

　水平配線における光ファイバ配線法は、メタリックケーブルと同様ですが、次のことに注意が必要です。
- コネクタの先端は、損傷やゴミの付着を防ぐため保護キャップなどで保護すること。
- 光ファイバケーブルの敷設時は、光ファイバケーブルのテンションメンバを撚り戻し金物等に固定して行うこと。
- 光アンダーカーペットケーブルの敷設に当たっては、什器等による荷重や曲げへの配慮すること。
- 光ケーブルに過度の曲げや圧力がかからないようにすること。
- フリーアクセス方式による配線時の光ファイバケーブルの固定は、フリーアクセス床の支柱部に直接に固定せず、保護管を利用して固定すること。
- 水平配線ケーブル長は90m以内とすること。
- ケーブルシースを変形させないこと。特にケーブルタイ等の使用時には注意すること。
- 許容張力を超えないようにすること。
- 銅ケーブルで光ケーブルを引かないこと。
- 許容曲げ半径を守ること。
- 鋭角のコーナーを引く際には、腕金のようなものの補助を用いること。

ケーブルラックでの注意事項

　ケーブルラックによる配線の場合は、以下の点に注意が必要です。
- 将来需要予測を十分にし、対応できるように施工すること。
- ラダーラックの外側から光ケーブルを配置すること。

- 60〜90cmごとにケーブルラックに光ケーブルを固定すること。ただし、きつく巻きつけないこと。
- コーナー付近ではフレキシブル管等を用いて、許容曲げ半径を維持すること。
- レースウェイの移り変わりでは、フレキシブル管等を用いて、許容曲げ半径を維持すること。
- ラックから機器等へのルートでは、フレキシブル管等を用いて、許容曲げ半径を維持すること。
- 水平ラック上の光ケーブルの接続点付近は、たるみをもたせること。

床上げ配線での注意事項

床上げ配線の場合は以下の点に注意が必要です。
- フロア損傷などが起こりえるフロアでは、機械的な保護法を検討すること（フレキシブル管の使用など）。
- 床上げフロアの入り口では、許容曲げ半径の維持のためにフレキシブル管を用いること。

接続点での注意事項

コネクタ接続、融着接続及び終端点では、以下の点に注意が必要です。
- 終端装置が部屋内で移動した場合でも対応できるように、十分な余長をつくること。
- 終端装置に光ケーブルを配置する際には、フロア間や天井からの最小曲げ半径を維持するように、フレキシブル管などを用いること。
- 終端のために壁に沿って、ケーブルを配線するときは、フレキシブル管やモールなどを用いること。

● 幹線配線施工

ここでは、幹線光配線施工について見ていきます。

■幹線配線施工の手順

幹線配線施工の手順は図13-20のようになります。

第13章
FTTH施工技術

```
布設準備
   ▼
保安施設設備
   ▼
ドラム設置
   ▼
布設工具設置
   ▼
連絡回線作成
   ▼
ケーブル布設
   ▼
キャビネット取り付け
   ▼
成端処理
   ▼
後処理
```

図13-20　幹線光ケーブル敷設手順

■**幹線光配線施工の注意事項**

　バックホーン光配線施工は、通常のメタリックケーブルと同様の施工方法で可能です。ただし、次の点に注意して行うことが重要です。
- 配線経路に光ケーブルに無理なストレスや、外傷が生じるような要因がないか確認すること。
- 光ケーブルを均一な力で引っ張り、最大張力以下の牽引力とすること。また、自動牽引機は用いないようにすること。
- テンションメンバを利用し牽引すること。また、シースによる牽引は行わないこと。
- 光ケーブルの最小曲げ半径以下に曲げないこと。
- 光ケーブルに過度なストレスやねじれが生じないようにすること。
- メタリックケーブルと一緒に牽引しないこと。
- 光ケーブルを束ねるときは、シースを変形させるなど過度の力を加えないこと。
- 光ケーブルをリールから外して牽引する場合には、8の字構成により光ケーブルを処理すること。このとき、30mを超えて1方向連続に巻かないこと。
- 光ケーブルの牽引前に敷設光ケーブルの導通試験を行い、断線等がないか確認すること。

- 可能な限り上からの配線を行うこと。
- 複数のケーブルの配線を行う場合には、ケーブル毎に配線起点でしっかりと支持すること。
- 互いのケーブルで支持することはしないこと。
- 支持したケーブルは、適切な間隔（3m程度）で束ねること。
- 安全上必要であれば、適当な場所に支持グリップを設けること。

■成端作業

幹線光ケーブルの成端法には、融着接続法、メカニカルスプライス法、コネクタ法があります。

● 架空・地下配線施工

ここでは、架空・地下区間の配線作業について見ていきます。

■作業手順

光ケーブルの架渉作業は、図13-21の手順で行います。

```
布設設前の点検と打ち合わせ
        ▼
    連絡回路の設置
        ▼
 金車取り付け、ロープ架渉
        ▼
   ケーブルドラムの設置
        ▼
   ケーブル索引機の設置
        ▼
  索引ロープとケーブルの接続
        ▼
     ケーブル布設
        ▼
     ケーブル固定
```

図13-21　架空敷設作業の手順

■必要機材及び工具

光ケーブルを架渉するときに用いる機材・工具は表13-15のようになります。

第13章
FTTH施工技術

表13-15　架渉用機材及び工具

品名	用途
2号金車	直線路延線用
4号金車	両端末延線用
カーブ用金車	曲線路延線用
シメラ	張線、弛度調整用
牽引ロープ	ケーブル牽引用
捻回防止器	ケーブル捻回防止用
ドラムジャッキ	ケーブル繰出し用
ウインチ	引張り用
張力計	張力測定用
カッタ	吊線切断用
トランシーバ等	連絡用
高所作業車	ケーブルハンガ取り付け用
ハシゴ、作業台	ハンドホール等内の排水
防護管	安全作業対策用
安全柵	安全作業対策用
安全ロープ	安全作業対策用

宅内配線技術

　　ここでは、宅内光配線技術の概要を見ていきます。一般家庭の宅内配線では、これまでほとんどの場合、主として電話や放送をサポートしていただけでしたが、最近は、パソコン間のデータ共有、インターネット環境の共有を目的としたLAN環境の構築が行われています。さらに今後は、ブロードバンドサービスの拡大、ユビキタス時代の到来とともに広帯域アプリケーションを提供しえる宅内光配線は必須のインフラとなってくるでしょう。

　　宅内配線技術者は、将来の需要の増加によるTOの増加、建物の拡張などに備えた配線システムを構築・提案する必要があります。

● 集合住宅のブロードバンド方式

　　現在多くの集合住宅で採用されているブロードバンド方式は、VDSL、FTTB+イーサネット、専用線方式及びFTTR方式の4つです。

■VDSL方式

　　VDSL方式は、既築マンションのブロードバンド配線に主に用いられる方式です。構内の通信回線は既存の電話線を利用し、スプリッタ内蔵VDSLモデムにより電話とPCへ接続します。

■FTTB+イーサネット方式

　　この方式は、現在、新築マンションのブロードバンド配線で一般的に用いられている方式です。構内配線はCat.5eケーブルが用いられ、VLAN機能を持ったハ

ブにより仮想LANを構成し、100Mbpsサービスを提供しています。

■**専用線方式**
　専用線方式は、SOHO向けに専用線を用いる方式です。基本的にFTTB＋イーサネット方式と同じですが、回線を共用しないため、帯域が確保できます。

■**FTTR方式**
FTTR方式では、光ファイバを各住戸まで引き込むものです。各住戸の分電盤にメディアコンバータを設置し、宅内のCat.5eケーブルなどと接続します。

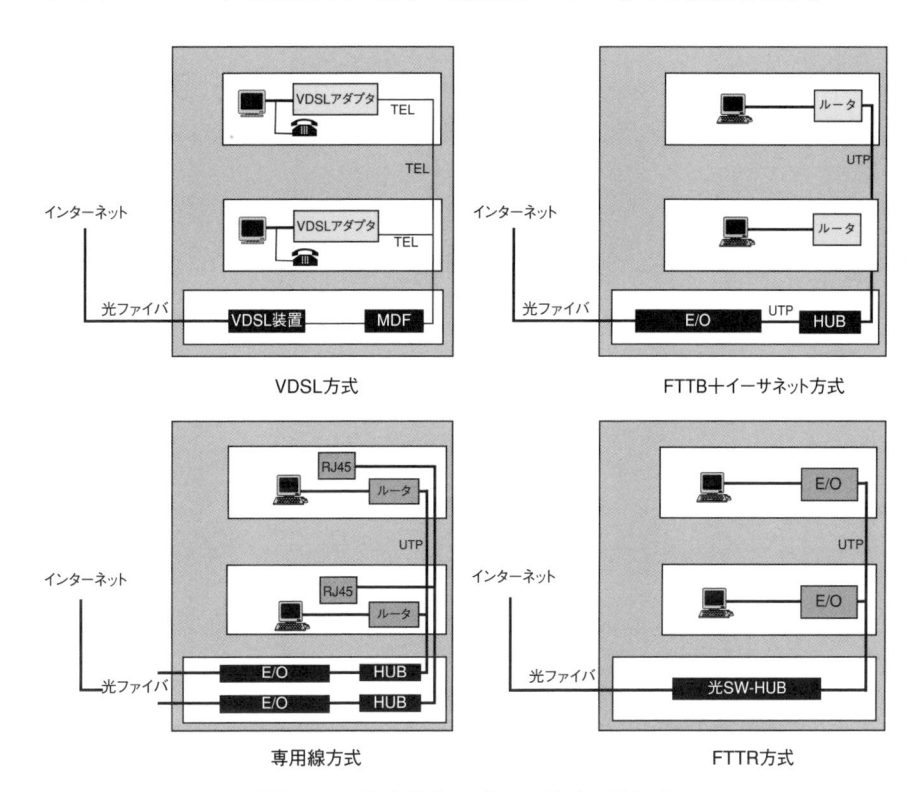

図13-22　集合住宅のブロードバンド方式

第13章
FTTH施工技術

戸建光隠蔽配線施工

ここでは、戸建住宅における光隠蔽配線の施工法を見ていきます。

● 光コンセント

宅内のTO（光コンセント）として図13-23のようなものがあります。

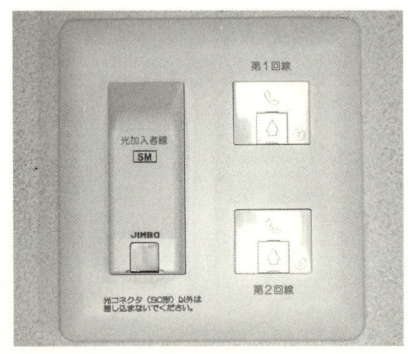

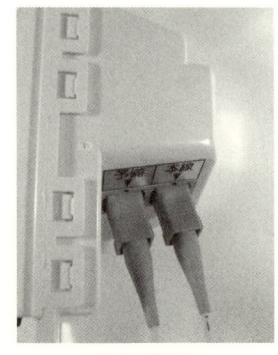

(a) 前面　　　　　　　　　　(b) 側面

図13-23　TO（光コンセント）の例

● 配線作業

一般的な戸建住宅の光配線施工の作業手順は図13-24のようになります。

配　管
↓
壁面の開口
↓
施工準備
↓
配　線
↓
器具の取付
↓
測定・試験
↓
余長処理

図13-24　宅内光配線の流れ（例）

第13章
FTTH施工技術

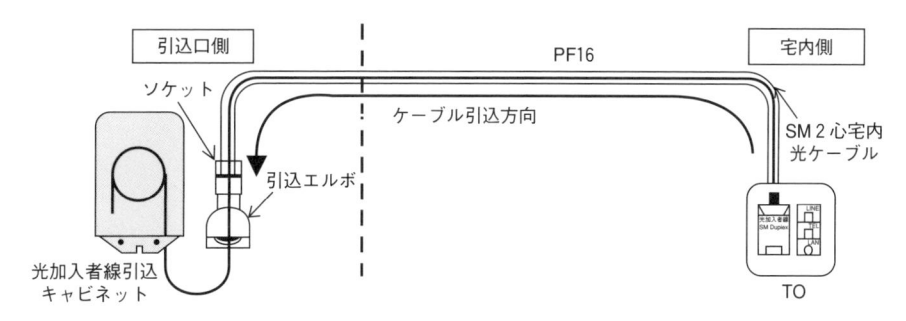

図13-25　宅内配線図

【STEP 1】配管
　引込口～TO間の配管を行います。

- 管路の曲げ半径は30mm以上（曲げ強化型ファイバ使用の場合は15mm）にとすること。
- 管路の曲げは、3つ以下が望ましい。3つ以上とするときには、2個目以上の前のところにプルボックスを設けること。
- 管路を固定する際には、きつく縛らないこと。

(a)　引込エルボとPF管（CD管）の接続　　　　(b)　管路の曲げ

図13-26　配　管

第13章
FTTH施工技術

> ケーブルの外壁貫通部は、引込エルボ等により止水処理を施した管路で構成することが望ましい。既築住宅等において、引込ケーブル用の穴を外壁に開けるときは次のことに注意すること。
> - 外から内に向かって上向きの傾斜をつけること。
> - 適切な穴の大きさを開けること（ケーブル外径より多少大きめ）。特に、コンクリート壁の場合には、コンクリート石灰がケーブルシースと反応し、ケーブルが劣化するため、穴にスリーブを通すこと。
> - 建物の外部ケーブルには、湿気などの浸入を防ぐために、ドリップループを設けること。
>
> 図13-27　ドリップループ
>
> - ケーブル施工後は、ケーブル穴はシーリング剤などを用いて密閉すること。
> - 金属管への引きとおしの際など、ブッシングなどを用いてケーブルに外傷を与えないようにすること。

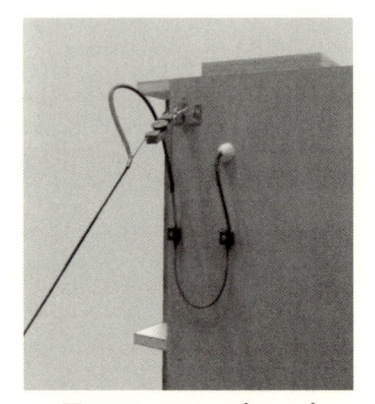

【STEP2】壁面の開口
　　TOの取付け個所のボード壁を開口します。

> 開口寸法は、指定寸法を厳守すること。

【STEP 3】施工準備
　　光ファイバを配線する前の準備として、以下のことを行います。
　　(a) 測定器のキャリブレーション
　　(b) 測定基準値の取得と記録

第13章
FTTH施工技術

(c) 配線する光ファイバの確認（断線等がないかどうか）と準備

> 配線する宅内配線用光ケーブルは、図13-28のように8の字取りを行うこと。また、光ケーブルを踏まないように注意すること。
>
> 図13-28　宅内配線用光ケーブルの配線準備

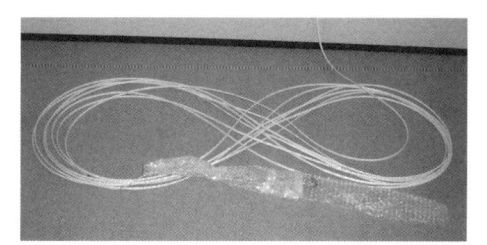

技術解説（宅内配線用光ケーブル）

宅内配線用光ケーブルは、プレハブ光ケーブルとも呼ばれています。プレハブ光ケーブルとは宅内配線が容易に行えるように工場で予め整形された光ケーブルで、φ1.5mmの光コード、テンションメンバ、対環境型シースで構成されています。また、片側には終端用に光コネクタが取付けられています。

図13-29　プレハブ光ケーブル

【STEP 4】配線
　　TO〜引込口までの配線を行います。

> 成端は、SCコネクタあるいはSFFコネクタで行うことが望ましい。

第13章
FTTH施工技術

! 光ケーブルの引込時に、過度の曲げを加えないこと。

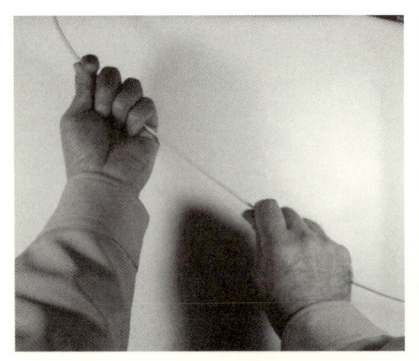

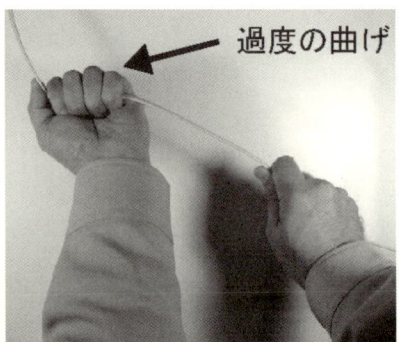

(a) 正しい握り　　　　(b) 過度の曲げが生じる握り

図13-30　引込時の光ケーブルの握り方

! キンクが発生した場合には、無理に引き伸ばさず、捩れをなくしてから引き伸ばすこと。

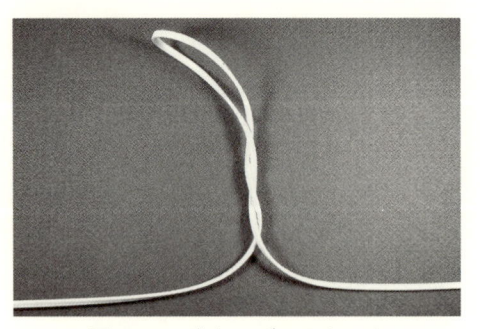

図13-31　光ケーブルのキンク

【STEP 5】器具の取付
　　TO（光アウトレットなど）及び引込キャビネットの取付を行います。

> 屋外用のTOを用いる場合には、保護キャップ付TOを用いるなどして、湿気の浸入を防ぐこと。

【STEP 6】測定・試験
　使用波長を確認し、1ジャンパ試験法を用いて測定・試験を行います。試験基準に適合していれば合格です。もし、適合していない場合には、原因を探求し再施工の必要があります。

【STEP 7】余長処理
　光ファイバの余長を300mm程度取り、宅内キャビネットに収納します。

技術解説（住居の通信配線規格ANSI/TIA/EIA-570-A）

　ANSI/TIA/EIA-570-A（住居の通信配線規格）及びBICSIでは、住宅内の配線に関する要求条件及び施工ガイドラインを提供しています。その中で、住居内配線において2つのグレードを規定しています。グレード1は、通信サービスの最低要求条件（電話、TV、データ）に適合する汎用的配線システムで、Cat.5e、75Ω6同軸ケーブルでの配線を規定しています。一方、グレード2では、グレード1の通信サービス最低要求条件に加えてマルチメディア通信サービスの要求条件に適合する配線システムで、光ファイバの配線を追加しています。また、どちらのグレードにおいても、住居内配線はスター配線を用いることが規定されています。

技術解説（住宅内用光ケーブル）

　FTTHの広がりに伴い、住宅内に光ファイバを配線することが多くなってきました。
　住宅での光ファイバの配線にあたっては、狭く曲がりくねったルートへの配線や、住戸側光コンセントとの接続に十分なスペースが確保しにくいなど、既存の光ケーブルでは要求条件を十分にクリアすることが難しいため、最近では、光ファイバ自身の許容曲げ半径を15mmに低減したものなど住宅内で簡単に施工できる光ファイバケーブルが開発・使用されています。

第13章 FTTH施工技術

宅内作業の基本

● ワンストップインストレーション

　ブロードバンドの普及に伴い、情報通信配線施工技術が益々重要になってきています。そのため、ブロードバンド技術を広くユーザが活用できるように、ユーザの立場で施工ができる技術者を目指すことが重要です。特に、宅内の配線施工作業は、単にネットワーク配線を行えばよいということではありません。お客様の立場に立ってConvenient、Comfortableに施工し、Communication、Consultingを十分に行い、お客様に満足していただくことが重要です。さらには、ワンストップで宅内のネットワーク環境を構築する技術と技能、つまり、ワンストップインストレーションが求められます。

　ブロードバンド回線加入者の満足度は、お客様と接する機会が一番多い宅内工事を担当する施工者によるところが大きいといえます。好印象を持つかどうかは、工事担当者にかかっているといっても過言ではありません。好印象は、近隣へのPRを初めとして、ビジネスチャンスへとつながります。

■服装

　お客様の宅内で作業するのですから、作業着が不潔や汚いなどは論外です。打ち合わせ時など作業を行わないときはスーツなどを着用し、作業を行う場合は作業着で訪問するなど、目的に応じた服装をするよう心がけます。また、靴下、靴もきれいで清潔なものを身につけるよう心がけてください。また光ファイバの取り扱い上からも、手を綺麗にしておくことは基本です。

■会話

　作業者同士が、作業と関係のない会話をしながらの作業は行なわないように心がけます。また、大声、不快な言動は慎まなければなりません。
　作業上で問題点などがある場合は、なるべく宅内では話さないようにします。

■挨拶

　宅内作業にあたり基本となるのは挨拶です。お客様宅に訪問する時や作業開始前には、大きな声で挨拶するよう心がけます。また、作業終了時の挨拶も重要です。

■作業環境・掃除

　お客様の宅内での作業は、作業環境に細心の注意を払わなければなりません。ゴミひとつ落とさない心がけが必要です。作業終了時の掃除は当然のことながら、作業中も工具・部材の整理・整頓、養生など作業環境に十分配慮します。特に、光ファイバは、手や足に刺さる危険性があるので注意が必要です。

■対応・説明
作業開始前
　　作業開始前には、作業の目的、施工方法、内容などについて十分に分かりやすく説明し、了承を得ることが重要です。特に、施工上、壁に穴を開けたり、変更を加えたり場合には、十分に説明するとともに、了承を得るようにします。お客様から異論がある場合などは、再設計も考慮しなければなりません。

作業中
　　決められた範囲以外には立ち入らないよう注意します。宅内の家具や物品の移動の必要性がある場合には、立会いの上で、丁寧に行うようにします。万一、損傷した場合には、すぐに知らせなければなりません。

作業終了時
　　作業終了時には、終了報告とともに、施工箇所の説明・注意事項などや、トラブルシューティング法などを説明する必要があります。

■コミュニケーションとコンサルティング
　　施工者は、お客様から質問を受けたら、簡潔に分かりやすく誠意を持って対応することが必要です。分からない場合は、調べた上で、後日回答するようにします。また、外観の変更や、工事終了後の取り扱い上の不便さから等の変更要求も考えられます。このような場合でもお客様の提案・意見は十分に聞き、説明すること重要です。

　　また、施工者はお客様の設備（PCなど）に触れることになります。したがってその情報（PC内のデータなど）の取り扱いには十分注意する必要があります。

　　常識をわきまえ行動するとともに、情報ネットワーク施工作業について十分に勉強し、専門家としての自信を持って行動することが重要です。ただし、お客様を見下す、専門用語を駆使する、お客様と口論するなどは決して行ってはいけません。４C施工者は、お客様にどうしたら喜んでもらえるか常に考え、施工を行うよう心がけます。

光ファイバ施工技術のポイント

　　ここまで見てきた光ファイバ施工技術のうち、間違えやすい点や忘れがちな点など、特に注意が必要な点を以下にまとめます。

■接続
- 融着接続、メカニカルスプライス接続、コネクタ接続の原理を習得し、その工法を遵守すること。

- 工法書どおりの作業を行うこと（接続長、余長、心線の取り回しなど）。
- 正しい線番を接続すること。
- 保留心線は適切に処理すること。
- クロージャなどの清掃すべき箇所（端面盤など）を十分に清掃すること。
- 許容曲げ半径を確保すること。
- 心線に撚りが入らないようにすること。
- 融着機の清掃を十分に行うこと。
- 定められた場合において融着機の放電検査を行うこと。
- 接続損失値を最小に抑えるよう接続すること。
- 接続前に光ケーブルの導通試験などを行うこと。
- スリーブ挿入前に心線の清掃を行うこと。
- 熱収縮を行う前に、心線の状態を確認すること。
- 熱収縮スリーブの状態を確認すること。
- お客様が触れる可能性があることを意識すること。

■光ファイバの前処理
- 外被除去を行う際、心線を傷つけないこと。
- 光ケーブル端の処理は適切に行うこと。
- 光ファイバ屑の処理を確実に行うこと。
- 光ファイバカッタの清掃を十分に行うこと。
- 光ストリッパの清掃を十分に行うこと。
- 光ファイバの清掃を確実に行うこと。
- 作業箇所以外の心線の状態に注意すること。

■測定
- コネクタ接続前に光コネクタ及びアダプタの清掃すること。
- 測定光コードにキンクなどを生じさせないこと。
- コネクタ端をぶつけたり、傷つけたりしないこと。
- 作業時以外は、光コネクタ先端に保護キャップを被せること。
- 測定コードは正しく接続すること。
- 測定値を記録すること。
- 測定結果は、平均を取ること。
- 測定前に測定器の安定化を図ること。
- 導通試験を行うこと。
- 許容損失値以下であること。
- レーザ（光源）の取り扱いに注意すること。
- 使用波長の確認を行うこと。
- キャリブレーションを行うこと。
- 測定法について十分に習得すること。

第13章 FTTH施工技術

■敷設
- 光ケーブルに伝達損失や損傷が生じないように、光ケーブルは許容曲げ半径以上、許容張力以下で敷設すること。
- 光ケーブルに過大な張力がかからないよう、ケーブルは蛇行して配線することが望ましい。

■一般事項
- 適正な工具を使用すること。
- 工具の使用手順・工法を遵守すること。
- 整理・整頓を行うこと。
- 宅内作業等においては養生を適切に行うこと。
- 安全上の注意を厳守すること。
- 危険予知活動を行うこと。
- 作業環境に十分注意を払うこと。
- 清掃を十分に行うこと。
- 創意工夫を持って、ユーザビリティを心がけること。

第13章
FTTH施工技術

宅内光配線に必要な工具等

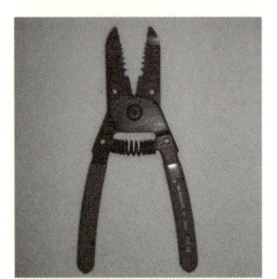

ジャケットストリッパ
光ケーブルのシース除去に用います。

光コネクタクリーナ
光コネクタの端面清掃に用います。

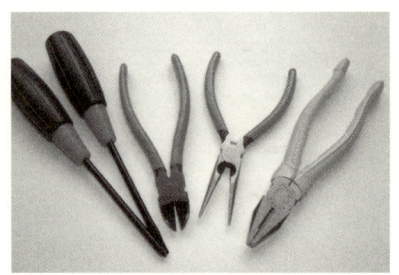

ニッパなど
光ケーブルのシース切断などに用います。

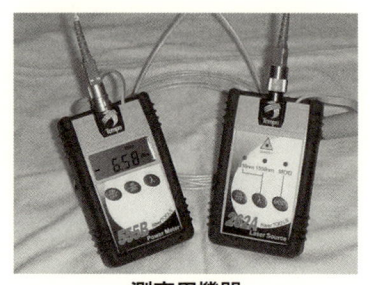

測定用機器
施工後の損失試験や導通試験に用います。

綿棒など
光ファイバの前処理に用います。

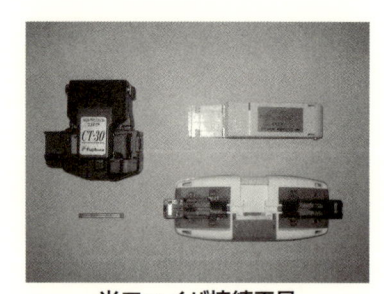

光ファイバ接続工具
測定時にピグテール光ファイバを接続する際に用います。

ビニルテープ
牽引端を作成するときに用います。

第13章
FTTH施工技術

牽引端処理作業手順 1/1

手順	作業内容

細径コードの引き出し

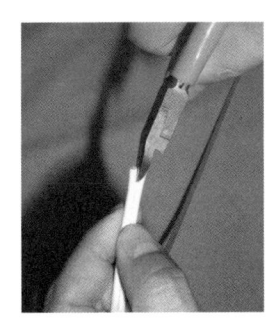

ニッパで宅内配線用光ケーブルの溝部に切り込みを入れます。
▼
シースを約100mm引き裂き、細径コードを取り出します。

● 細径コードの曲げ半径が小さくなり過ぎないように注意すること。

牽引端の作成準備

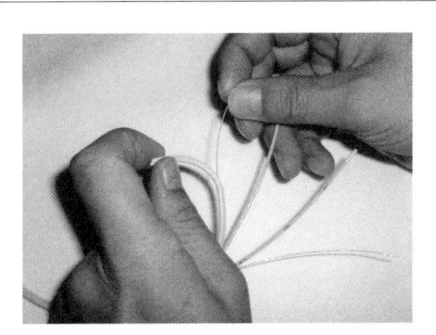

引き裂いたシースを約10mm除去して、テンションメンバを取り出します。
▼
シースを引き裂き端から除去します。
▼
呼び線端を輪状に結びます。

仮止め

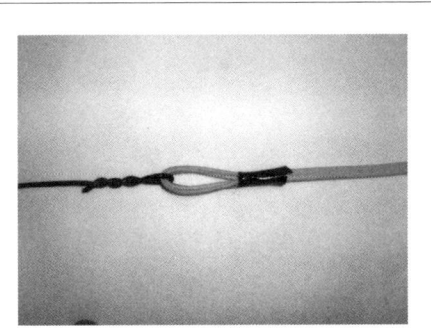

テンションメンバと細径コードを束ね、約50mm折り返します。
▼
折り返したテンションメンバと細径コードをビニルテープで仮固定します。

● 牽引端の曲げはなるべく小さくすること。

牽引端の作成

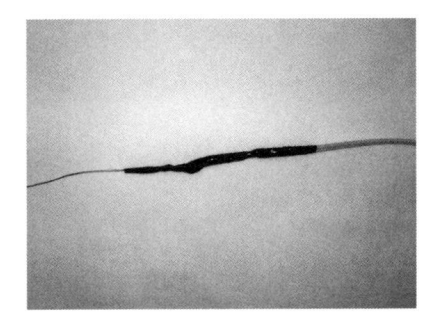

宅内配線用光ケーブルのシース部から呼び線までテープを巻きつけ、牽引端を作成します。

● テープは、抜けやホツレが生じないようにしっかりと巻きつけること。

255

第13章
FTTH施工技術

宅内配線用光ケーブルの入線作業手順（TO～引込口間） 1/1

手　順	作業内容	
入線		引込口から呼び線を牽引して、管路内に宅内配線用光ケーブルを入線します。
送り出し	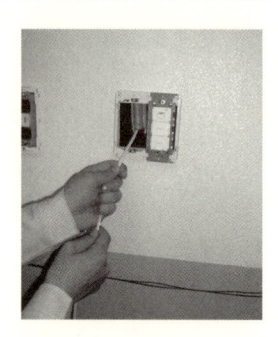	光ケーブルを送り込みます。 ❶ 光ケーブルに捩れやもつれが生じないように注意すること。 ❶ 無理な力を加えたり、送りすぎに注意すること。
引込		TO側で宅内配線用光ケーブルのコード分割箇所が、管路入り口から約50cm出る程度まで引き込みます。 ❶ 最大許容張力（参考：100N)以上の引っ張り力を加えないこと。 ❶ 引っ張り時に、光ケーブルを過度に曲げないように持つこと。
牽引端の切断	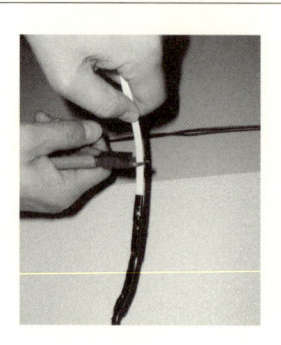	牽引端を切断します。

第13章
FTTH施工技術

光コンセントの取付作業手順　　1/1

| 手　順 | 作業内容 |

光コネクタの清掃

光コネクタの保護キャップを外します。
▼
光コンセント裏面側光ポートの保護キャップを外します。光コネクタの端面を清掃します。

光コネクタの挿入

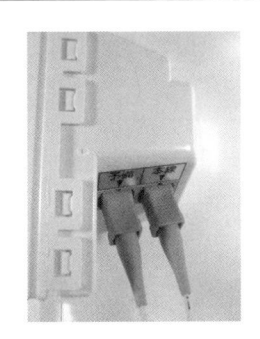

光コンセントの背面ポートに、光コネクタを挿入します。

- ❶ 光コネクタがしっかりと挿入されていることを確認すること。

光コンセントの固定

光コンセントを取付枠に収めます。
▼
ボックスねじで光コンセントを固定します。

- ❶ 光コード余長が自然に壁内下方へ垂れるように収めること。
- ❶ 細径コード部を取付枠などに挟み込まないよう注意すること。

化粧プレートの取付

化粧プレートを被せます。
▼
保護キャップを取付けます。

257

参考文献

　本書の執筆に際しては、多くの研究論文や著書を参考にし、引用をさせていただいています。多くの著者の皆様方に深甚な謝意を表します。これらの著書は、どれもが良書であり読者の皆様がより深く光ファイバ通信を学習されるうえで非常に参考になると思います。

- 西澤紘一、菊池拓男、"光ファイバ施工技術"、オプトロニクス社、2001
- 島田禎晉 監修、"光アクセス方式"、オーム社、1993
- 稲田浩一、"光ファイバ通信導入実践ガイド"、電気書院、1989
- Jim Hayes、"Fiber Optics Technician's Manual 2nd edition"、DELMAR、2001
- 大久保勝彦、"ISDN時代の光ファイバ技術"、理工学社、1989
- 建設省建設経済局電気通信室監修、"光ファイバケーブル施工要領・同解説"、建設電気技術協会、2000
- 小川圭祐 監修、"光ファイバ線路"、電気通信協会、1994
- ドナルド・スターリング、"光ファイバーネットワーク構築入門"、リックテレコム、1999
- 加島宣雄、"光通信ネットワーク入門、オプトロニクス社"、2001
- 石原廣司、"通信アクセス設備デザイン、電気通信協会"、1994
- 田幸敏治 他、"光測定器ガイド"、オプトロニクス社、1987
- 古河電工 編、"光システム設計マニュアル"、電気書院、1986
- 石原廣司、"光ファイバ技術200のポイント"、電気通信協会、1996
- 西村憲一 他、"やさしい光ファイバ通信"、電気通信協会、1999
- 末松安晴 他、"光ファイバ通信入門"、オーム社、1989
- 吉田信也 他、"オプトエレクトロニクスとその材料"、工学図書、1995
- 由木泰紀 他、"やさしい光アクセスシステム"、電気通信協会、1997
- 菊池拓男、"「光ファイバ施工技術」セミナー資料"、職業能力開発総合大学校東京校、2000
- 青山友紀 他、"FTTH教科書"、IDGジャパン、2003
- 藤田昌宏、"埋込み光コンセント（電気と工事2月号）"、オーム社、2004
- NTTアドバンステクノロジ㈱、"「戸建住宅向け光先行配線技術基礎コース」講習テキスト"、2004
- ㈱フジクラ、"「光ファイバ施工技術」研修会資料-融着接続の極意-"、2002
- 電気通信主任技術者試験研究会 編、"電気通信主任技術者試験全問題解答集"、日本理工出版会、1997
- Corning Cable Systems、"Hands-On Fiber Optic Installation For Local Area Networks"、2001
- BICSI、"Residential Network Cabling"、McGraw-Hill、2002
- BICSI、"Telecommunications Distribution Methods Manual- Tenth Edition-Vol.1"、2002
- BICSI、"Telecommunications Distribution Methods Manual- Tenth Edition-Vol.2"、2002
- 満永豊 他、"スクリーニング試験による光ファイバ強度保障法"、信学論Vol. J66-B、No.7、1983
- 大阪 他、"加入者用SM多心光ファイバテープ心線の融着接続技術"、住友電気第135号、1989
- 池田真挙 他、"接続損失を低減した低曲げ損失光ファイバ"、フジクラ技報第105号、2003
- 瀧澤和宏 他、"FTTH（Fiber To The Home）用新型メカニカルスプライスおよび現場組立光コネクタ"、フジクラ技法第105号、2003
- 建設省建設経済局電気通信室編集、"電気通信設備工事共通仕様書"、社団法人建設電気技術協会、2000
- ChrisClark著、赤木、渡辺 訳、"LAN配線技術ハンドブック"、ソフトバンクパブリッシング、2003
- ネットエキスパート認定委員会、"ネットエキスパート公式テキスト"
- 小泉誠二、"光計測の基礎"、MOJC研修資料、フュージョンナレッジネットワーク、2004
- 西澤、堤、菊池、境田 他、"ブロードバンド通信に関するコース開発"、職業能力開発総合大学校能力開発研究センター、2004
- 三木、須藤 編、"光通信技術ハンドブック"、オプトロニクス社、2002
- "さらなる展開が期待されるFTTH"、オプトロニクスNo.255、オプトロニクス社、2003
- BICSI日本支部、"日本語BICSIニュース"、No.3-5、2004
- ANSI/TIA/EIA-568-B（商用ビルの配線規格）
- ANSI/TIA/EIA-569-A（商用ビルの通信経路・空間規格）
- ANSI/TIA/EIA-606（商用ビルの通信インフラ管理とラベル規格）
- ANSI/TIA/EIA-607（商用ビルの通信配線グランディングとボンディング規格）

- ANSI/TIA/EIA-570-A（住居の通信配線規格）
- 日本工業規格、光ファイバ通則、JIS　C　6820
- 日本工業規格、光ファイバ損失試験方法、JIS　C　6823
- 日本工業規格、光ファイバコード、JIS　C　6830
- 日本工業規格、光ファイバ心線、JIS　C　6831
- 日本工業規格、石英系シングルモード光ファイバ素線、JIS　C　6835
- 日本工業規格、光ファイバ心線融着接続方法、JIS　C　6841
- 日本工業規格、光ファイバケーブル通則、JIS　C　6850
- 日本工業規格、光ファイバコネクタ試験方法、JIS　C　5961
- 日本工業規格、光ファイバコネクタ通則、JIS　C　5962
- 日本工業規格、F01形単心光ファイバコネクタ、JIS　C　5970
- 日本工業規格、F04形単心光ファイバコネクタ、JIS　C　5973
- 日本工業規格、レーザ製品の放射安全基準、JIS　C　6802
- 日本規格協会、ビルディング内光配線システム、TR　C　0017

　その他、たくさんの文献を参考にさせて頂きました。御礼申し上げます。
　また、光ファイバ施工関連の企業・メーカーの関係各位には技術資料の提供、製品カタログからの転載、セミナー資料の提供、製品写真の提供など御協力を頂きました。厚く御礼申し上げます。

協力企業

　以下の光ファイバ施工関連メーカーなどの関係各位には技術資料の提供、製品カタログからの転載、セミナー資料の提供、製品写真の提供など御協力を頂きました。ここに記して厚く御礼申し上げます。

- アンリツ株式会社
- 古河電気工業株式会社
- 株式会社三喜
- 住友電気工業株式会社
- 株式会社睦コーポレーション
- NTT-AT株式会社
- 株式会社精工技研
- 三菱レイヨン株式会社
- アジレント・テクノロジー株式会社
- 株式会社フジクラ
- 神保電気株式会社
- 株式会社フュージョンナレッジネットワーク

索引

0
0.25mm（UV）心線　50
0.9mm心線　49

1
19インチラックマウント型　108
1ジャンパ法　172

2
2ジャンパ法　172

3
3ジャンパ法　172

A
Active Double Star　12
AdPC研磨　138
AWG　65

B
BER　7

C
CATV　8
cladding　25
core　25
CWDM　17

D
dB　42
Demultiplexer　16, 65
DSF　37
DWDM　17

E
E/O変換装置　10

F
F05コネクタ　137
F07コネクタ　137
FCコネクタ　133
FCコネクタ用研磨冶具　155
FOコード　110
FTTB方式　10
FTTC方式　10
FTTD　39
FTTD方式　11

F
FTTH方式　10
FTTx方式　9

G
GI型　35

H
HFC方式　8

I
IOR　196
ITU-T　41

L
LAN　8
LAPシース　54
LCコネクタ　136
LD　5
LED　5

M
Marcuseの式　89
MAZE型　57
MCVD法　46
MEMS　64
MFD　39
MMF　31
MT-RJコネクタ　136
Multiplexer　16, 65
MUコネクタ　136

N
NA　40
NZ-DSF　37

O
O/E　7
OLT　10
OLTS　180
ONU　10
OTDR　192
OVD法　47

P
Passive Double Star　12
PC研磨　138
PE（Polyethylene）シース　54
PNコネクタ　137
POF　38
PON　13
PON方式　14
PVCシース　54

S
SCコネクタ　135
SCコネクタ用研磨冶具　155
SDM　15
SFFコネクタ　136
Single Star　11
SI型　34
SMAコネクタ　137
SMF　31
SSD型　56
SSF型　56
SS型　56
STコネクタ　136
SZ型　53
SZ撚り　53

T
TDM　13, 14
TDMA方式　13
TS-1000　14

V
VAD法　47
VCSEL　5
V溝　86

W
WAZE型　57
WDM　16, 65

索　引

あ
アイソレーション特性　63
アイソレータ　63
アクティブダブルスター方式　12
イオン交換法　60
異軸入射系　60
インドアケーブル　56
永久接続法　84, 120

か
外観検査装置　155
外観検査の基準　148
外観検査用顕微鏡　155
外径　40
外径調心法　89
開口数　26, 40
外被除去　68
架空用クロージャ　107
可視光源　175
片側分岐　107
カットオフ波長　40
カットバック法　166
間隙　163
感度　7
き線点　11
気密試験　169
吸収損失　43
球レンズ　60
狭帯域フィルタ　62
空間多重　15
空気圧送　235
クサビ　123
屈折角　23
屈折の法則　23
屈折率　24
屈折率整合剤　122
屈折率分布型レンズ　60
屈折率分布パラメータ　36
クラス1　176
クラス2　176
クラス3A　176
クラス3B　177
クラス4　177
クラッド　25
クラッド径　32
グレーデッドインデックス型　35
群屈折率　194

ケーブル対照試験　169
励振器　175
現場組立MT-RJコネクタ　136
現場組立簡易工具　158
現場組立光コネクタ　144
コア　25
コア径　32, 39
コア径差　164
コア調心法　87
光源　5, 175
構造不均一による損失　43
構造分散　37, 45
広帯域　3
合波器　16
後方散乱光デッドゾーン　197
後方散乱光法　192
ゴースト波形　207
コード集合型　53
固定V溝方式　88
コネクタ接続法　84
コリメート系　60

さ
サーキュレータ　63
最小2乗法　194
材料分散　37, 45
死活判別試験　170
時間多重　14
軸ずれ　163
軸ズレ量算出　88
自己支持型ケーブル　56
自己調心作用　87
推定損失算出　95
自動研磨機　155
遮断波長　33
集束系　60
収納トレイ　105
使用材料による分類　30
ジルコニア　134
シングルスター方式　11
シングルモード光ファイバ　31
心線対照試験　169
心線の接続形態　108
スクリーニング　95
ステップインデックス型　34
スネルの法則　23
スペクトル幅　6

成端箱　108
接続損失　44
接続損失測定　169
接続箱　108
切断　74
全反射　23
全反射コード　185
線引き工程　48
層撚り型　52
挿入工具　151
挿入損失法　165, 167

た
ダイナミックレンジ　8, 197
多心融着機　89
多層膜構造　62
単心融着機　87
単心用メカニカルスプライス素子　120
端面傾斜　163
地中用クロージャ　107
中間後分岐型クロージャ　106
中心波長　5
直線近似法　194
直進の法則　22
直接埋設型ケーブル　57
直線・分岐接続　107
低損失　2
テープ心線　49, 50
テープスロット型　52
デシベル［dB］　42
デッドゾーン　197
電磁波　22
テンションメンバ　51
伝送損失測定　169
伝送帯域　41
伝搬モード　31, 33
導通試験　184
導波路型光部品　65
ドロップクロージャ　110
ドロップケーブル　55

な
斜め研磨　138
難燃性シース　54
2点法　195
入射角　22
熱収縮スリーブ　91

索引

ノンメタリックシース　54

は

π分岐　107
波長多重伝送　3
波長多重　15
波長分散　37, 45
パッシブ素子　12
パッシブダブルスター方式　12
パルス幅　196
反射の法則　22
光　22
光受信機　7
光受動素子　12
光スイッチ　64
光接続損失　162
光送信機　5
光損失　162
光電話機　176
光の三法則　22
光の伝播のしくみ　25
光の速さ　24
光パルス試験器　192
光パワーメータ　175
光反射率測定ユニット　185
光ファイバ型素子　64
光ファイバ型光部品　64
光ファイバカッタ　75
光ファイバコード　51
光ファイバ心線　49
光ファイバストリッパ　98
光ファイバ素線　49
光ファイバの構造　25
光ファイバの損失　43
光ファイバの清掃　73
光ファイバの接続法　84
光ファイバの切断　74
光ファイバの分類法　30
光ファイバホルダ　71, 98
光フィルタ　62
光ロステストセット　180
非球面レンズ　60
比屈折率差　40
ピグテールコード　109
ピグテール光ファイバ　140
ビットエラー率　7
ビットエラーレート測定　168

被覆除去　69
標準シングルモード光ファイバ　36
非零分散シフト光ファイバ　37
ファラデー素子　63
フェルール　134
プラスチック光ファイバ　38
フラット研磨　138
フルネル反射　163
フレネルデットゾーン　197
フレネル反射　164
分散　44
分散シフト光ファイバ　37
分波器　16
平均パワー　6
平均化処理　198
平行ビーム系　60
変換機　7
変調周波数　6
偏波モード分散　44
ポイント・ツー・マルチポイントシステム　13
方向性結合器　192
放電検査　92
放電時間　88
放電電極部　86
ホットジャケットストリッパ　71, 98
ホットプレート法　150

ま

マイクロベンディングロス　44
マイクロレンズ　60
前処理　68
曲げによる損失　44
マスタコード　185
マッチングオイル　185
丸型ケーブル　56
マルチモード光ファイバ　31
無誘導　3
メカニカルクロージャ　105
メカニカルスプライス接続工具　120, 125
メカニカルスプライス用スペーサ　125
メカニカルスプライス接続法　120
メカニカル接続法　105
メカニカル光ファイバストリッパ　125
メカニカルスプライス素子　120
メディアコンバータ方式　14

モードスクランブラ　175
モードフィールド経　39
モード分散　34, 44

や

融着接続法　84
融着パラメータ　91
ユニット型　52

ら

ラストワンマイル　11
臨界角　23
ルビーカッタ　151
零分散波長　37
レイリー散乱損失　43
レーザの安全基準　176

著者略歴

菊池拓男（きくちたくお）
職業能力開発総合大学校東京校　准教授

高知職業能力開発短期大学校を経て平成10年東京職業能力開発短期大学校講師、平成13年職業能力開発総合大学校東京校生産電子システム技術科助教授、平成17年職業能力開発総合大学校通信システム工学科准教授、平成20年職業能力開発総合大学東京校生産情報システム技術科准教授、現在に至る。博士（工学）、一級情報配線施工士。光通信・光ファイバ施工技術、画像処理の研究に従事。高度情報通信推進協議会理事（人材育成・認定事業担当）、情報通信配線技術フォーラムショップマスタ、技能五輪全国大会「情報ネットワーク施工」競技委員、技能五輪国際大会「Network Cabling」チーフエキスパート。2003年、世界的情報通信配線認定機関BICSIの資格であるRCDD及びその指導者資格BICSIマスタインストラクタの日本人初の資格者となる。

西澤紘一（にしざわこういち）
諏訪東京理科大学機械システムデザイン工学科　客員教授

1967年京都大学大学院修士課程（工業化学専攻）修了。同年4月日本板硝子㈱入社。1981年、財団法人光産業技術振興協会に出向。1983年日本板硝子㈱筑波研究所主任研究員として復帰。1996年、職業能力開発総合大学校情報工学科教授。2008年より現職。マイクロオプティクスをはじめとして光技術を幅広く研究。工学博士、技術士。高度情報通信推進協議会副理事長、前技能五輪国際大会日本国技術代表。

監修

特定非営利活動法人
高度情報通信推進協議会

高度情報通信推進協議会は、「Broadband to everyone」をキャッチフレーズに、ユーザーの立場に立って高度情報通信技術に関する研究開発並びに人材育成を図り、その成果の普及・啓蒙を行うことで、高度情報通信に関する公益の実現に貢献することを目指し設立されたNPO法人です。協議会では、情報通信配線技術に関して主に以下の活動を行っています。
- 情報通信配線技術フォーラムの開催
- 「情報ネットワーク施工」技能認定資格制度の実施（INIP）
- 技能五輪大会への支援
- 国家資格「情報配線施工技能検定」の実施

詳しくは、以下のアドレスをご覧ください。

http://www.b2every1.org/

本書の内容は、e-ラーニング（オプト・イー・カレッジ）でも詳しく学習することができます。

http://www.ec.optronics.jp

光通信時代を支える
FTTH施工技術

定価（本体価格5,000円＋税）

平成16年7月6日　第1版第1刷発行
令和4年9月9日　第3版第4刷発行

発　　行　株式会社 オプトロニクス社
　　　　　〒162-0814
　　　　　東京都新宿区新小川町5-5　SANKENビル
　　　　　TEL 03-3269-3550　FAX 03-5229-7253
　　　　　E-mail：editor@optronics.co.jp（編集）
　　　　　　　　　booksale@optronics.co.jp（販売）
　　　　　URL：　http://www.optronics.co.jp
印　　刷　大東印刷工業 株式会社
イラスト　田中美菜子

※万一、落丁・乱丁の際にはお取り替えいたします。
ISBN978-4-902312-06-5 C3055